JN302809

エコシステムサービスの環境価値

——経済評価の試み——

坂上 雅治
栗山 浩一 編著

晃洋書房

はしがき

　本書の内容は，環境省地球環境研究総合推進費「熱帯林の持続的管理と最適化に関する研究/森林の公益的機能の環境経済的評価手法開発に関する研究」（平成11年度～平成13年度，研究代表者：奥田敏統）および，環境省地球環境研究総合推進費「熱帯域におけるエコシステムマネージメントに関する研究」（平成14年度～平成18年度，研究代表者：奥田敏統）の研究成果の一部である．

　本書は，熱帯林のエコシステムサービスの経済価値について詳細に検討したうえで，熱帯林域の土地利用に対する地域住民の選好からこれを評価することを主たる目的としている．評価の方法としては，環境評価分野における表明選好法のひとつである選択型コンジョイント分析を用いる．以下，本書の内容について簡単に紹介しておこう．

　第1章では，まず，森林の持つエコシステムサービスの機能について詳しく説明する．そして，エコシステムサービスの経済価値を定量的に評価することの重要性，および市場価格を用いた熱帯林のエコシステムサービス価値の簡単な推定方法などについても説明を加えている．

　第2章では，このようなエコシステムサービスを含めた熱帯林のさまざまな経済価値について整理し，これらを定量化するための手法である環境経済評価手法の理論や方法について詳しく説明している．とくに，選択型コンジョイント分析についての方法論や位置づけ，および熱帯林の価値評価への当該手法の適用可能性などについて丁寧に検討する．

　第2章では，選択型コンジョイント分析を用いて熱帯林およびそのエコシステムサービスの経済価値の定量化をおこなうことを決定したが，つづく第3章においては，この選択型コンジョイント分析の理論的背景などについて説明を加える．

　さらに，第4章では，選択型コンジョイント分析におけるアンケート調査を

実施する際の調査票の作成方法や，調査を実行する段階におけるさまざまな対応などについて解説する．

第5章以降は，これまでに説明した選択型コンジョイント分析の理論や方法を実際に適用し，マレーシア全土での大規模な聞き取りアンケート調査による，熱帯林価値の経済評価に取り組んでいる．

まず，第5章では，地域住民に対する熱帯林についての意識調査の結果を紹介した上で，条件付きロジットモデルと呼ばれる基本的なモデルを用いた選択型コンジョイント分析をおこなった．そして，この分析により得られた結果についての詳細な検討を加えている．

第5章で用いた条件付きロジットモデルには，IIA特性や選好の同質性といった課題が存在する．そこで，第6章では，これらの課題を克服する2つのモデルをあらたに導入し，応用的な選択型コンジョイント分析の適用を試みている．さらに，第5章では得られなかった地域住民の選好に関するさまざまな情報を明らかにしている．そして，終章においては，これまでのすべての分析結果についての包括的な考察をおこなっている．

以上のような内容で本書は構成されている．地球規模における熱帯林の消失は未だ進行しているが，その背景には，社会経済的な要因が深く横たわっているといわれる．このため，自然科学からのアプローチだけではなく，社会科学からのアプローチもつよく求められており，本書では，やや実験的な面はありつつも，ひとつの社会科学的なアプローチに積極的に取り組んだ．いくつかの課題は残されているが，本書におけるこのような研究が，少しでも読者のみなさんに役立てばうれしいかぎりである．

最後に，本書の刊行にあたっては，晃洋書房の丸井清泰氏，福岡優子氏には大変お世話になった．とくに丸井氏にはさまざまなアドバイスをいただいた．ここに深く感謝の意を表したい．

（本書中の写真はすべて奥田敏統氏の撮影によるものである。）

目　　次

はしがき

第1章　森林のエコシステムサービスをどう評価するか …… 1
　はじめに──エコシステムサービスとは　（1）
　1　なぜエコシステムサービスか──経済評価への道　（3）
　2　エコシステムサービスをどう評価するか　（6）
　3　生態系評価の試み　（8）
　4　森林はなぜ減少するか──マレーシアにおける土地利用変遷から　（10）
　5　エコシステムサービスの研究とその応用　（18）
　おわりに　（23）

第2章　環境価値の評価手法 ……………………………… 25
　1　熱帯林の環境価値と経済理論　（25）
　2　環境評価手法の特徴　（29）
　3　熱帯林評価への適用可能性　（43）

第3章　選択型コンジョイント分析の基礎理論 …………… 49
　1　ランダム効用理論　（49）
　2　条件付きロジットモデル　（50）
　3　厚生の貨幣的尺度　（51）
　4　IIA特性　（52）
　5　ランダムパラメータロジットモデル　（53）
　6　潜在クラスロジットモデル　（55）

第4章　選択型コンジョイント分析の調査票デザイン　………　61

 1　コンジョイント分析の調査の流れ　(61)
 2　フォーカスセッションとプレテスト　(62)
 3　属性と水準　(64)
 4　プロファイルの作成　(65)
 5　調査票の説明文　(67)
 6　調査とバイアス　(72)
 補論 1　コンジョイント分析以外の質問項目について　(77)

第5章　熱帯林のエコシステムサービスの評価　…………………　83

 1　都市部　(83)
 2　農山村部　(92)
 おわりに　(100)
 補論 2　プロファイルの実行可能性に対する質問について　(104)

第6章　熱帯林のエコシステムサービスの評価（応用）　………　107

 1　ランダムパラメータロジットモデル　(107)
 2　潜在クラスロジットモデルによる分析　(111)
 おわりに　(119)
 補論 3　森林に関する知識別でみた選好　(121)

終　章　熱帯林の価値を問う……………………………………　123

あとがき　(137)
参考文献　(145)
資　料　(151)
索　引　(169)

第1章　森林のエコシステムサービスをどう評価するか

はじめに——エコシステムサービスとは

　エコシステムサービス（Ecosystem service）とは，人間社会が直接的，間接的に生態系の諸機能から受ける利益・恩恵をさす．簡単な例を示せば森林による洪水を防止する機能で，人間社会がその機能によって被るところの恩恵（サービス）である．エコシステムサービスを単純に翻訳すれば生態系サービスとなるが，一方で日本では古くから「公益機能」という用語が使われており，内容からいえばほぼ同義と考えてよいであろう．ただし，エコシステムサービスにせよ，公益機能にせよ，それらの使われ方や考え方は，研究者や対象とする地域などによって微妙に異なっており，用語の整理や機能の分類基準が十分整理されているわけではない．たとえば，森林の「公益機能」では，森林を伐採して得られる木材生産とその利益は含まないとする見解もある［山縣他 1989］．この場合，公益機能は特定のグループや社会が受ける利益を除外した，広く一般の人々や社会が被るサービス機能としてとらえられているからであるといえる．このように，エコシステムサービスや公益機能の概念や区分については研究者や資源管理者などによって若干のずれが生じており，かなり曖昧な使われ方がされているため，時代背景や社会状況などによって変化しうるものと考えたほうがよい．

　表1-1には，大まかに整理したエコシステムサービスの機能を列挙した．基本的には大気・気候・気象の調節機能，集水域や土壌保全機能，生物多様性保全機能，文化保全機能などに大別できるが，近年ではこれら機能に廃棄物処理

表1-1 おもなエコシステムサービスの種類と内容

種　類	具体的な内容
気象・気候調節, 緩和機能	気温・地温緩和湿潤調節
生物生産機能	食糧, 木材, 燃料, 医薬品, 果実などの生産
大気調節	二酸化炭素吸収, 酸素供給, 塵埃吸着, 紫外線軽減
水源涵養機能	水の貯留, 水質浄化, 水の供給（飲料水, 工業用水, 農業用水の供給), 干ばつ防止
浸食防止・自然災害軽減機能	水食・風食・雪食防止, 山崩れ, 水害防止
土壌保全機能	土壌形成, 栄養塩類循環調節, 窒素固定, 栄養塩の供給
廃棄物処理	汚染物質の無毒化
生活環境の形成	木陰, 騒音防止・軽減, ヒートアイランド現象の軽減
生物多様性保全機能	野生生物の種多様性保全 虫媒花などによる受粉の促進 個体群の制御（捕食者による制御） 避難場所の提供 遺伝子資源の保全
保健文化機能	リクレーション, スポーツ活動, 健康の維持, 自然学習や芸術への場・題材の提供, 精霊思考, 宗教などによる社会規範の形成, 規律, 道徳感への影響, 景観保全, 快適な生活環境の提供, 科学的価値

機能や土壌形成作用, 塩類循環などを加え, より多面的に評価するようになってきた. さらエコシステムサービスが経済的にどれほどの効果・価値があるのかという点について詳しい解析をおこなう動きもある［Costanza 他 1997; Daily 他 1997］. 詳しくは以下で述べるが, こうしたエコシステムサービスの経済評価については, 賛否さまざまな議論がかわされており, また一方で「経済評価」に対する誤解やアレルギー反応があることも事実である. エコシステムサービスの経済評価そのものについては, 多くの場合それぞれの項目（たとえば森林の炭素吸収機能）がもつ経済的な効果, すなわち, それがない場合どのくらいの損害を人間社会が被るかというような視点で評価され, ある特定の生態系がもたらすサービスの価値は各項目（サービス機能）の累計（合計値）である. したがって, すくなくとも各項目間の仕分けが明確におこなわれる必要がある. またダ

ブルカウンティングによる過大評価を防ぐため，それぞれの研究例で独自の類型を行っている（たとえば，Adger et al. [1995]，Kumari [1996]）．また，表1-1では物質生産機能として示したが，木材などの生態系から得られる生産物などの財そのものはサービス機能とは区別し，エコシステムサービスと併せて Services and goods という表現をする場合も多い．

1 なぜエコシステムサービスか──経済評価への道

そもそも生態系が保持するサービス機能がどのくらいの価値をもっているのだろうか──この問いに対する答えを述べる前に何故こうした生態系の価値を経済的に評価するようになったかについて考えてみる必要がある．エコシステムサービスとその経済評価が盛んに取り上げられるようになった背景には，地球的規模の森林破壊，砂漠化，水域の汚染などがあると考えられる．空気や水はタダと思って使いたいだけ使い，汚したいだけ汚した──このような後ろめたさは程度の差はあれ誰にでもある．たしかに石油や石炭のように市場で流通するものには値札がつく．水もわざわざ買って飲む時代である．ところが，こうした自然資源にはそれ自体がもつマーケット価格（商品としてのコスト＋利益）以外のさまざまな機能がある．たとえば水は大気の水分調節や，大地の塩類循環や生態系の生き物のバランスなどさまざまな機能が安定する上で必要不可欠な資源であり，それらのほとんどが人間社会の存在と深く変わっている．したがって，これらへのおざなりな管理や無関心な対応は，人間社会へのしっぺ返しとなり多くの障害や被害を生む．地球の温暖化，各地で深刻化する酸性雨，異常気象に伴う大規模な風水害なども長期にわたる自然資源からのサービスへの無関心さから生じたものといっても過言ではない．数年前にインドネシア・スマトラ島沖でおこった津波では，不幸にもタイやインドネシア，スリランカなどの沿岸地域で多くの被害や犠牲者を出したが，マングローブ林が残っていた箇所では津波の影響が緩和されたと地元の新聞が報じていた．このことにつ

いてエコシステムサービスの視点から考えれば，結果論ではあるが森林の風水害の防止機能などを十分に理解・評価していればもっと別の対応を事前に取ることが出来たかも知れないとも言えるのである．

　エコシステムサービスへの無関心さは一方で「環境問題の先送り」といった対応や反応に如実に表れている．人間社会が享受する自然の恩恵や価値は定性的には漠然とわかってはいるものの，われわれの日々の生活の中で実感出来るものは多くはない．少々痛めつけたところで，そのリバウンドで今日明日の生活に大きな損害が出ることは希である．ほとんどの環境問題が先送りにされるのは，1970年代に繰り返された公害訴訟のように被害者―加害者の関係が明確ではなく，温暖化のように加害者の1人であるという認識は持っていても日々の生活の中ではそれほど深刻な受け止め方をされていないことが原因とも言える．つまり環境問題をエコシステムサービスの劣化に置き換えてみれば，その価値が単に経済的に過小評価されているというよりも，われわれの認識の蚊帳の外におかれ続けけているという表現が妥当なのかも知れない．そのことこそが「環境問題の先送り」となって温暖化対策などが遅々として進まない原因でもあるのだ．人間社会と自然の営みが異所的に存在していると勘違いをしてしまっているわれわれに，すくなくともエコシステムと人間の経済活動とを同じ土俵で議論する必要があるという認識の必要性から「環境経済によるエコシステムサービスの評価」の議論が出てきたと捉えることも出来る．いいかえればエコシステムサービスの経済評価は無関心を装う人間社会に警鐘をならし，自然との接点を提供するマッチメーカーとして登場してきたのではないだろうか．そしてこれらの背景により，古くからある生態系機能の研究から一歩踏み込んだ「エコシステムサービスの経済評価」へと進んでいったと思われる．

　エコシステムサービスが取り上げられるようになったもう1つの背景として，近年の森林減少や劣化に代表される環境破壊と資源の有効利用や富の不公平な配分や貧富の格差の拡大などの問題がさまざまな地域で深刻な問題となりつつあることを挙げたい．つまり生態系の保全と資源利用とのバランスの問題であ

る．とりわけ森林資源と経済的に密接な関係にある地域や国ではこの問題は深刻である．こうした社会・経済の格差（貧困）の問題は，皮肉にも温暖化対策などによる吸収源活動をいざ実施する段階になって初めて浮き彫りになる．たとえば森林面積が急激に減少し，それが社会問題化している熱帯地域では，森林破壊をどうやって食い止めるか，また破壊された生態系をどのように修復するかは切実な問題である．とはいいながら森林再生や新規植林を一元的な価値観で推し進めるならば森林減少問題はかえって複雑化する．たとえば二酸化炭素の吸収能力だけに注目するならば早生樹を画一的に植林するほうがコストを低く抑えることが出来，短期間により多くの吸収源クレジットを稼ぐことが出来る．ところがそうした単調な森は植物も含めその地域の野生生物の多様性を高めるという点ではさほど期待できない．

　また逆に以下のような考え方も成り立つ．開発途上にある地域や国では依然として木材や林産物などの自然資源に対する依存度が高い．自然保全の立場から言えば森林は切らずにおいておくのが一番であるが，そこに住んでいる人や，森林資源を生活の糧にしている人たちにとっては，森林は生活の基盤である．一途に「森を守れ」や「木を植えて森を復活させよう」では地域社会や経済システムそのものが成り立たなくなり，これもまた混乱の原因となる．その結果，不必要や違法伐採や密漁を助長したり，生活の場が新たに植林地として指定されたために別の場所で森を切り開くような行為に発展する可能性すらあるのだ．アフリカでの一部の地域では政府があらたに指定した国立公園内の管理を強化したことにより，区域内から閉め出された住民と，政府との間で対立が起こっている．同様なケースはインドネシアなどの東南アジア地域でも頻繁に耳にする話であるが，貧困地域では森林などから得られる非木材製資源などでさえもその流通ルートが突如として政府から非合法化扱いをされてしまうことがある．違法伐採や密漁といえども，こうした単なる「定義替え」のケースも含まれていることを読みとる必要があるのだ．

　森林を壊滅的な破壊行為から守り如何に持続的に管理するかという問題は，

見方を変えれば自然資源から得られる利益をどのように公平にかつ調和的に配分するかということににも通ずる（サービスを受けるすべての人間に対してという意味での公平である）．こうした点を考えると，森林や問題となっている生態系が実際にどれほどのサービス・機能を持っているのか，また開発や資源の持ち出しによってどのくらいのサービス・機能が失われるのか，一方で開発行為によってどれほどの換金収入が得られるのかといったことは整理し，政策決定に至るプロセスに反映させておく必要がある．エコシステムサービスの分析はこのような意志決定プロセスの透明化を促すだけでなく将来的に背負い込む環境リスクを予見する上でも大変重要な手続きである．とはいえエコシステムサービスの評価・分析は，「金さえ払えばいくらでも開発は出来る」というような主張に対して免罪符与えるようなものになってはならない．

2　エコシステムサービスをどう評価するか

以上のような背景を考えると環境はどれ程の価値を持っているのかという設問に対してはまず"金勘定"というアプローチが出てくるのもごく自然な流れではある．これはある意味逆転の発想かもしれない．生物学者や自然保護の活動家にはこうした発想はなかなか受け入れら難いものであるが，もともとエコシステムサービスという概念は，どのくらい人間が生態系から恩恵を受けているかを具体的に示そうとするものであるから，標準的な尺度である貨幣価値に置き換えてみるのもわかりやすい方法である．とはいえ前述のように，生態系に値段をつけること自体に多くの自然科学系の研究者や自然保護の活動家達はアレルギー反応を示す．エコシステムサービスの類型化や生態系の機能に関する研究については，違和感はなくとも，一旦，それらに値札を付ける――すなわち経済評価をおこなうという話になると拒絶反応がでてくる．エコシステムサービスの経済評価に対して批判的な意見は概ね以下のように整理できる．

1）森林の社会的価値および経済的価値は社会のもつ余剰経済力によって絶えず変化するため，一時的な経済価値基準に置き換えた評価はあまり意味を持たない．
2）現在深刻化している熱帯林の減少などに例を取ると，その背景には貧困，盗伐，焼き畑などがあり，実体のない経済評価は問題の解決にあまりにも無力である．
3）経済評価によって出てきた数字が一人歩きをしてしまう可能性が高く，逆にその代価を支払えば，開発を行ってもよいという免罪符を与えてしまう．

まず批判の根本的な原因として，以下の点をあげたい．すなわち「エコシステムサービスの価値の評価」では，自然（生態系）そのもの（元本）に値段を付けようとしていると誤解されている点である．つまり，生態系に存在する様々の生命そのものに値段を付けようとしているわけではない［Costanza 他 1997］．たしかに，ここに一寸したジレンマが生じる．すなわち生態系には目に見えない（実際，市場経済などで簡単に推し量ることの出来ない）価値が存在するというのがエコシステムサービスの評価の考え方なのであるが，それを敢えて経済価値に置き換えてみようとするジレンマである．目に見える形では推し量ることが出来ないと言っておきながら，金勘定という最も世俗的な物差しで測ろうというのである．また本来多くのエコシステムサービスは炭素の排出権取引のように市場経済にのせることが出来ないため，算出された値も実際は流通価値のない評価にしかならない．とはいえ，後で述べるが，たとえば，ある地域の将来像やランドスケープ管理などの青写真を描く際に，エコシステムサービスを相対的な価値基準としてとらえることにより，どの程度のリスクがあるのか，などといった費用対効果分析をおこなうことが出来，より客観的な評価が可能になる——という理屈は成り立つ．

また一方で，熱帯林や北方林，砂漠化地域などの自然生態系の破壊の規模は

あまりにも大きく，かつその減少の速度や質的な劣化も著しく急速に進んでおり，残念ながらモラル的な理屈のみでは，迅速に対応できる明快な手段が用意されていないといった現状も考慮されねばならない．順序からいえば，まず生態系の機能そのものを解き明かし，その意義を生態学的な視点から客観的に評価するべきであるが，一刻の猶予も許されない現況を鑑みれば何らかの警鐘が必要ではある．生態系がもつすべてのサービスに値札を付けることで森林破壊が直ぐになくなるわけでは決してないが，これまでのエコシステムサービスに対する評価や認識があまりにも低く，そのため環境破壊が急激に進んだことを考えればこうしたアプローチを採用し，意志決定プロセスに透明性を与えて迅速な判断と対応を可能にしたり，環境修復などや持続的な管理のための手法を成熟させておく必要がある．エコシステムサービスの研究とその評価手法の研究にはさまざまな批判があるが，こうした対応策を練る上での道具（ツール）になると考えておくというのはどうだろうか．

3　生態系評価の試み

では，地球上の生態系はどの程度の経済価値を持っているのだろうか．これまで，森林のもつサービス機能については Panayotou and Ashton [1992]，Brown and Pearce [1994]，Myers [1996] などによって植生タイプを限定したり，間接的な経済評価が試みられてきたが，Costanza et al. [1997] は地球上のすべての生態系のエコシステムサービスの経済評価をおこなったという点で環境経済関連の分野のみならず生態系の保全の重要性をどのようにアピールするかについて悩んでいる研究者に多大な影響を与えた．

Costanza et al. [1997] は地球全体のエコシステムサービスに関する分析をおこなっているが，それによると大気成分調節機能（二酸化炭素蓄積・吸収），攪乱制御機能（風水害，干ばつの防止・軽減機能），廃棄物処理機能（汚染物質の除去機能），塩類循環に関わる機能（窒素固定，窒素，リンなどの循環調節機能）などによ

るエコシステムサービスの総額は33兆ドルという．生態系別にみた内訳は海洋が21兆ドルで全体の63%を占め，陸上生態系のサービス価値は残り37%の12.3兆ドルである．ちなみに熱帯林の総額は3.8兆ドルで，陸上生態系の価値の約30%を占める．こうした数値にどの程度の信憑性があるかであるが，Costanza et al.［1997］によれば，1972年に別の手法（equilibrium input and output model）を用いておこなった分析結果［Costanza and Neil 1981］と比較したところ，かなり近似の結果が得られたとしている（1972年の調査によれば，地球全体の生態系の財としての価格は約9.4兆ドルで，これをCostanza et al.［1997］が調査解析をおこなった1994年当時の貨幣価値に換算するとおおよそ34兆ドルとなりほぼ一致する）．さらに1972年当時のエコシステムサービス機能の総価格は全世界のGNPの約2.4倍であり，1994年の調査結果では同様の比率が1.8倍であった．このことから，彼らのエコシステムサービスの評価手法は在る程度再現性のあるものといえそうである．とはいえ，エコシステムサービス総額の絶対値が妥当なものかどうかについては，このような二時期の比較だけでは不十分である．エコシステムサービスの価値は定常的に変化しないのではなく，生き物や生態系の価値は森林減少や劣化にともない希少性が変化するように，また社会経済環境の変化などの外的要因によっても森から得る生産物（goods）の価値がと変化するように，エコシステムサービス全体的な価値も時々刻々と変化するはずである．さらに，多くの場合，実際の土地改変などの開発行為はグローバルスケールというよりも地域レベルで進む．したがって，世界や地域の社会・経済状態などを考慮に入れた地域レベルでのエコシステムサービスの研究が必要と思われる．ところがグローバルスケールでのエコシステムサービスの評価も基本的には地域ごとにピンポイント的に収集したデータに基づいている．エコシステムサービスの価値やそれに関わる社会的背景をよりダイナミックにとらえようとするならばまず，それぞれの地域社会のさまざまなセクターやステークホルダーが直接的，間接的に関わっているエコシステムサービスを繙いていく必要があるのだ．こうしたことから筆者らはまずマレーシア半島部の一部にパイロットサ

イトを設置しその地域内で潜在的に存在するエコシステムサービスと土地改変などの人間活動との関連性について調べることにした．最初からトップダウン的にグローバルスケールでエコシステムサービスの変動についての研究をおこなうことにも意義があるが，先に述べたようにこうしたパイロットにおこなうケーススタディが他地域での新たな研究展開を生むものと期待してのことである．このパイロット研究について以下に述べる．

4 森林はなぜ減少するか——マレーシアにおける土地利用変遷から

　図 1-1 はパイロットサイトでの土地利用形態の変化を示したものである．熱帯林地域の森林は過去 50 年ほどの間に急激に減少し，今なおも年間，1000 万ヘクタール以上の割合で減り続けている．世界の森林面積の減少が 1990 年代後半から約 1400 万ヘクタールとされているので，熱帯域の森林減少が如何に深刻かがわかる．ただし，森林伐採をおこなった後でも林地として残す場合は，森が如何に荒廃していようが森林面積の減少としてはカウントされず，多くの場合，森林面積の減少としての数値には現れてこない．東南アジア地域では木材生産としての商業伐採は有用木材を選択的に抜き切りするいわゆる択伐という方法が主流であるため，森林そのものは取りあえず温存される．しかしながら，こうした森林伐採方法では，大径木が無くなり熱帯林の特徴である多層構造が喪失してしまうため，原生林にはいたはずの動植物がいなくなったり，また生き物の組成が変わるなどの影響が現れる [Okuda et al. 2003a, b]．さらに有用木の「抜き切り」とはいえ，それらを切り倒し，搬出する際に周囲の樹木の共倒れを誘発し下層植生などに被害が出るため実質的には天然林にくらべ森林伐採後の地上部の現存量は 3 割前後減少するといわれている．

　図 1-1 の森林面積の減少に話を戻そう．この図で示したパソ保護林はマレーシア半島部の首都クアラルンプールから約 150km 南西に位置している．筆者らはパソ保護林を含んだ約 60km 四方のエリアを対象にランドサット衛星画像

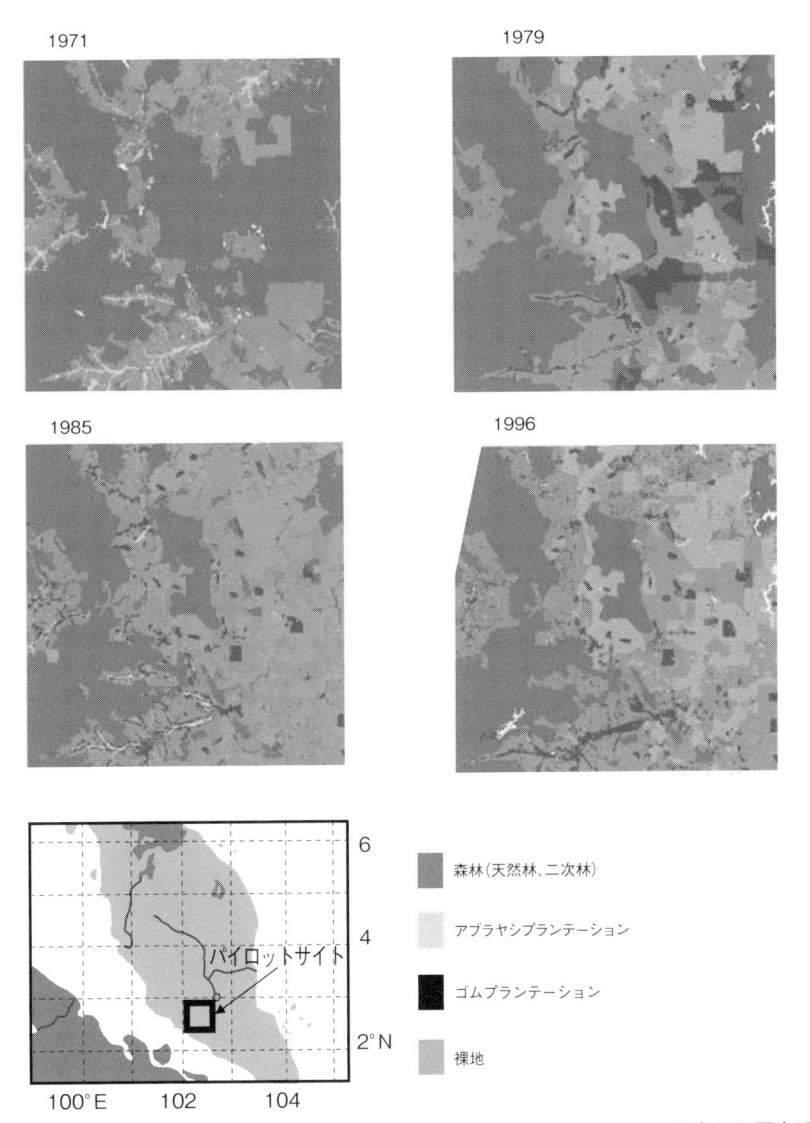

図1-1　パソ保護林と統合化環境アセスメントのパイロットサイトとして設定した調査地
図中の赤枠で囲まれた地域（60km × 60km）とこの地域内での1971〜1996年にかけての土地利用・植生変化．
緑の森林の部分は二次林（主として森林伐採後，生産林として維持されている森林）を含む．

などをもとに植生図を作成し土地利用変化をしらべてみた．その結果，1970年代前半から1990年代後半にかけて森林面積は2362km^2（全域の65.6%）から1057km^2（29.4%）に激減し，逆にアブラヤシのプランテーションは，176km^{2}から741km^{2}とほぼ4倍強に増加していたことがわかった[Okuda et al. 2003b]．ここで注意せねばならないのは，この地域での森林面積の減少の原因は商業伐採ではなく，農地（プランテーション）への地目転換であったという点である．アブラヤシは食用油やアイスクリーム，チョコレートのベース，最近では香水の原料などとしても利用されており，その幅広い用途と高い換金性から，作付面積はマレーシア半島部全体でも1970年代後半から90年代までに急激に増加したといわれている[鶴見・宮内編 1997]．近年ではアブラヤシのプランテーション開発はマレーシア半島部では小康状態となり，面積拡大は落ち着いた状況にあるが，東マレーシア（ボルネオ島）やインドネシアでは，国策としてプランテーション開発が積極的に推進されており多くの森が今なお切り開かれアブラヤシ園と変貌しつつある．筆者がマレーシアに長期滞在していた1996年には，インドネシアの森林火災が広がりそこから発生する煙が東南アジア一体に蔓延しヘイズ（煙害）として航空機の発着や人々の健康などに深刻な被害をもたらした．当時ヘイズは乾燥する季節を選んでおこなう野焼とプランテーション開発の際の火入れが発端となり大規模林野火災が頻発化したことが原因であると報じられていたが，そう考えるとプランテーション開発は森林が提供していたエコシステムサービスの喪失のみならず災害という負の影響をもたらすことになる．

4.1　森とプランテーションの生み出す現金収入の違い

ところで，図1-1で示したように，どのようにして森林がアブラヤシのプランテーションとして切り開かれていったか——このことについてエコシステムサービスと土地利用転換から得られる金銭的な利潤についての簡単な分析を行ってみた．まず，森林を保持する場合と，森を切り開いてプランテーション

を造成しそこから得られる現金収入，すなわちエコシステムサービスを考慮しない場合の木材や農業生産による収入の比較だけを考えてみることにする．

　森林を手つかずの森として保存する場合は，現金収入としてはほとんどゼロに近い．もちろん天然林でも野生動物の狩猟や，薬用植物，果実，蜂蜜，ダマール樹脂，ラタンなどの非木材製林産物などから得られる現金収入があるが，これらの資源採集を想定すると，エコシステムサービスとの関わりから比較が複雑になるため，取りあえず天然林は「全く手をつけない森」として考えることにする．つぎに，森林を木材生産の場として考えた場合，どの程度の収入があるかについて調べてみた．前述したように，この地域での木材生産＝商業伐採であり，森林は木材を伐採した後も林地として保存されることを想定する．有用木を選択的に伐採する方式，すなわち択伐であるためだ．択伐によって得られる収入は有用木の伐採量や取引価格にもよるが，マレーシアの森林の場合，15000～18000US$/ヘクタール程度と考えられる（伐採周期を約50年とすれば年あたり300～560US$/ヘクタール/年）．

　一方，森林を切り開いてたとえばアブラヤシのプランテーションを開発した場合の現金収入についてであるが，マレーシアでプランテーション経営をおこなっている農家の主に聞いたところでは，アブラヤシで4～6名程度の家族が1年間十分暮らしていけるとのことであった．このことと，これまでのアブラヤシの市場取引価格から推察して，アブラヤシが成熟し，ヤシの実が収穫されるようになればすくなくとも5000～6000米US$/年/ヘクタールの収入があると考えられる．ただし，アブラヤシの伐期（植え替えの時間）は大凡25年程度であること，また植栽後すくなくとも5年程度は収穫出来ないことを考慮すると，実質的に収入は上記額の8割程度となる（4000～5000US$/年/ヘクタール）．とはいえ，森を切り開いてプランテーションにする場合は，皆伐前に存在した有用木もすべて換金出来るのでプランテーションから得られる収益に伐採で得た収益が加算されることになる（ただし，この収入は後で述べる農民の懐には入らない）．このように現金収入だけを考えれば，森を残して細々と森林経営をおこ

なうよりは皆伐してプランテーションに変えてしまうほうが遥かに高収益なのである．

　もう1つ大事な点がある．それは森林は基本的には州政府の財産であり，伐採で得られる収入の一部は州政府に収められるものの，地域の住民の直接の収入源になるわけではないという点である．したがって，森林伐採・森林経営によって農村地域の生活水準の向上や，地域経済の活性化にはつながらない．また伐採権を州政府から買い取った伐採業者は木材を売って収益を得るが，多くの場合地域外からの業者であり，森が存在する地域に直接の経済的効果をもたらすとは考えにくい．われわれは，以前，マレーシアの都市域や農村部の住民を対象に，森林の価値について以下のような調査をおこなったことがある（詳しい結果の内容については本書の第5章を参照）．その調査では土地利用形態を天然林，生産林，プランテーションの3つのカテゴリーに分類するとき，それぞれの土地利用形態（たとえば，森林，生産林，農地）を維持することに当たっての税金としての支払い意思額を問う調査であった．その結果，意外なことに生産林よりもプランテーションに対する支払い意思額がほとんどの地域やグループで高いことがわかった．逆に，生産林に関しては税金を支払うよりも，生産林を維持する，ないしは広げるのであればお金を支払ってほしいという意志表示が，調査をおこなった多くの地域やグループにおいて見られた．これらは上述のように生産林に対する「地域社会への経済的な還元性」が反映されてのことであるといえよう．

4.2　エコシステムサービスの違い

　これらの現金収入にエコシステムサービスの1つである炭素蓄積機能の価値を加えて考察を試みることにする．前述のように，エコシステムサービスには炭素蓄積機能以外にも炭素を吸収する機能や土壌流出を防止する機能，多様性を保全する機能などさまざまな機能があるが，これらの機能の定量化方法自体にまだ不明な点が多いため，とりあえずここでは京都議定書の発効に伴い既に

マーケットでの活発な取引がおこなわれている炭素蓄積機能だけを取り扱うことにする．われわれが研究の対象としているパソの天然林の地上部の現存量は乾重量で 300〜450 トン/ヘクタールとされている [Okuda et al. 2004a]．炭素の量はその約半分であるため，年あたりこの炭素貯留量を維持することで得られるエコシステムサービスの価値は，あくまで仮の値段であるが，二酸化炭素の値段 = 8US\$/年/ヘクタール，炭素の値段 = 32US\$/年/ヘクタールとすると，4800〜7200US\$/年/ヘクタールとなる．一方アブラヤシのプランテーションの地上部の幹の現存量は森林と比べると桁外れに小さく 50 トン/ヘクタールである [Henson 1999]．収穫周期を 25 年とすれば炭素の貯留機能の価値は 400US\$/年/ヘクタールに過ぎない．一方森林伐採の対象となる生産林は，伐採直後に現存量が 30〜40％程度低下することがこれまでのパイロットサイトでの調査で明らかになっている [西村千 マレーシア森林研究所，私信]．伐採した森の現存量が天然林のレベルまで復活するのに要する期間が約 70 年程度とすると（パソの森で，1950 年代後半に伐採した森の現存量が天然林の現存量の約 9 割程度までに復活していることから推定），年平均で 4000US\$/年/ヘクタールの価値があると推定できる．もっともこれに森林による炭素吸収量が加算されれば若干（200〜300US\$/年/ヘクタール）の上乗せが期待できるが，炭素の吸収能については未解決，未解明の点も多く，今回の試算では含めないことにする．アブラヤシのプランテーションの方が炭素を貯留する器そのものが小さいため，伐採周期に到るまでの炭素吸収量は生産林 ＞ アブラヤシとなるが，いずれの場合も育成―伐採（収穫）―炭素の大気への放出を繰り返す限りに於いては長い目で見れば収支は限りなくゼロに近い．

　こうしたエコシステムサービスの値段は，たとえば炭素のヘクタールあたりの値段といった単価に基づいているため，これらの価格が変動すれば大きく変わる．炭素に関しては，市場取引価格や炭素税などが登場し，単位価格らしきものが設定できるが，他のエコシステムサービスに関しては，単価の計算すら困難な場合もある（例：生物多様性保全機能など）．とはいえ，ここで強調せねば

表1-2 グローバルスケールで見た全エコロジカルサービスの経済的価値

エコシステムサービス	価値（US $）
機能別	
・大気成分調節	1.3
・攪乱調節（風水害など）	1.8
・廃棄物処理（汚染物質浄化など）	2.3
・塩類循環（炭素，窒素循環など）	17.0
その他	10.6
・生態系別	
・海洋	21.0
・陸域	12.3
（熱帯林）	(3.8)
合　計	33.3

注）Costanza et al. [1997]より抜粋.

ならないのは上記で述べたように，森やプランテーションからの収穫物の現金収入だけを考えれば，森林（生産林）の経済価値は農地やプランテーションから得られる収益には太刀打ちできない——という点である．マレーシアやインドネシアのプランテーション拡大の第一義的な背景は国家の政策であり，その結果森林面積が激減したのではあるが，一方で森林のエコシステムサービスの経済価値が十分に評価されない限り，生態系の破壊を食い止めることは不可能に近い．悲観的な見方をすれば，今なおもこうした農地への転換による森林面積の減少は続くのは，ごく自然の成り行きと考えてられても仕方がない．

前述の試算は「炭素の値段」などのエコシステムサービスを考慮して初めて，土地利用の選択オプションの中に「森林としての土地利用」が入ってくるということを示唆しているのだが，一方で森をすくなくとも生産林の形で残すのであれば，森のエコシステムサービスの値段がプランテーションから得られる現金収益に匹敵するかそれ以上の値段になる必要がある．また，貯留量に関しては，排出権取引などでの市場価格だけではなく，森田［2002］が指摘するように，たとえば森林が燃やされて貯留した炭素がすべて大気中に放出された場合の社会・経済的ダメージを考慮することも必要かもしれない（温暖化は二酸化炭

素排出による社会的・経済的ダメージと取られることも出来るのでその場合の仕分けについてはダブルカウントをさけるための工夫が必要である）．

　今後，炭素の値段は二酸化炭素の排出権（量）取引などといった文脈で進められると思われるが，京都メカニズムの1つであるクリーン開発メカニズム（CDM）などによる再植林や新規植林活動はこうしたエコシステムサービスの値段と農業生産から得られる収益とのバランスを考慮せねば機能しない可能性が高い［Okuda et al. 2004b］．

　ここで議論をもう一歩突き詰めると，土地開発によって失われるさまざまなエコシステムサービス（CDM植林の例で言えば換金効率の高いアブラヤシプランテーションに転換しないで森林として留めておくことによる負担やそれによって得られるエコシステムサービスの価値）を誰が負担するのかという点である．エコシステムサービスの恩恵を直接享受するのはその地域の人であるので彼らが負担すべきという考え方もある．しかしながらこれでは機能しない．エコシステムサービスを評価することのそもそもの目的は生態系の個々の機能を標準化し将来的には市場で取引できるようなしくみに発展させることであると筆者は考えているが，エコシステムサービスの損失を地域で負担するという構図ではシステムが閉じてしまう．森林や持続性の高い生態系を保全することで恩恵を受けるのはその地域の住民だけではない．河川を例にとれば巡りめぐって下流地域に住む人や漁業を営む人にも大きな影響を及ぼす．大気の浄化機能やレクリエーション機能などは森林の近くに居住しない都市住民にも長い目で見れば間接的に多くの恩恵をもたらす．もちろん消失するエコシステムサービスを"経済的負担"ととらえてしまうと誰もが支払いを嫌がるのでエコシステムサービスを保全することによるクレジットを担保するようなシステムが必要である．すなわち吸収源CDMのコンセプトのように対象地域を限定しながらもそこから上がる"利益"を国内外のさまざまなセクターに対してクレジットとして供与するような開かれたシステムが必要である．

5 エコシステムサービスの研究とその応用

5.1 森の正当な価値をどう測るか

ではまずどうやってエコシステムサービスを客観的かつ公平に評価するかということが問題となる．最も安易な方法は先にも述べたようにそれぞれのサービスに値札を付けるというやり方であろう．とはいえそれぞれのサービスは密接に絡み合っておりまた社会・経済環境によって変化するはずである．もう少しダイナミックなとらえ方が出来ないか——というのが筆者の考えるところである．そのためにはまず，それぞれのサービス（機能）が他のサービス機能とどのように関連しあっているか，また，サービスの良し悪し，大小はどのようなメカニズムによって決定づけられ得るのかという点についてよく整理しておく必要がありそうだ．それにはまず，エコシステムサービスの体系化とデータベース化から始めることが重要である．冒頭で述べたように，自然資源をめぐるさまざまな利害関係者，グループによる対立や混乱を緩和させるためには，まず生態系から得られるサービスがどのようなもので（どのような利潤を生み），それが地域社会やさらには広域レベルでの社会経済の発展にどのように係わりうるのかという点について，よく整理する必要がある．従来開発行為は行政や開発業者側の一方的な論理で進められるのが常であったが，世の中の価値観が多様化し情報が瞬時に世界を行き交う時代になっては，もはや短期的な利潤だけによる開発プラニングは通用しない．いわゆる対象地域，挽いては直接的・間接的に開発の影響を受ける人・社会との合意形成が必要不可欠なプロセスとなる．その一方で，利害関係者の間でのエコシステムサービスをめぐる妥協点を見いだす必要性に迫られることもあろう．その際にはエコシステムサービスの評価を最大限に生かし，対立を避けるための資源管理手法などを考案していく必要があるのだ．そのための第一歩として，こうしたエコシステムサービスのデータベース化は重要であり，さらに開発の際の意志決定プロセスの透明化

という点においても最低限の備えといえる．多様な意見によって意志決定に要する時間も長くなろうが，開発行為の後で訴訟などのトラブルや精神的苦痛を生じせしめ，その対応のために多くの費用と時間を費やすよりは，あらかじめ分かりうる対立軸を洗い出しておいて，最大限のエコシステムサービスが享受出来る方策を考えておく方が結果として社会的なコストをおさせることが出来はしないか．つまり多様な価値観を認めそれを共有することから始めるべきであるが，そのためにはここでいうエコシステムサービスを評価すること自体がベースになるのだ．環境問題は社会的な余裕を考えればもはや「先送り」のできない待ったなしの状況まで来ているのだ．

5.2 エコシステムサービスのデータベース化

エコシステムサービスのデータベース化にあたっては，各機能の要素の単価表を作成するだけではなく，各サービス機能を変動させる要因について明らかにし，相互の関係について整理した上で十分な解析とモデル化をおこなっておく必要がある．たとえば，生物多様性についてみると，物質生産機能，水源涵養機能，炭素吸収蓄積機能やなどすべての要素に深く関わっている（表1-3）．したがって，エコシステムサービスのデータベース化を行うためには，エコシステムサービスの元になるデータ以外に影響要因や関連深い要因などについて整理しておく必要がある．

つぎに，エコシステムサービスには互いに背反する機能が存在するということを指摘しておきたい（図1-2）．森林が木材などの生産する能力と，森の中の生き物多様性は必ずしも同じベクトルを示すとは限らない．たとえば植林の際に単位時間あたりの炭素の吸収能力を重視するのであれば，早生樹種による均質な人工林を作ったほうがメリットは高く作業効率も上がるが，一方で生物多様性は森林構造や組成が複雑な森に比べ低くなる．とはいえ，両者からえられるエコシステムサービスを最大にするような森林管理や植栽方法があるはずである．このように，すべてのエコシステムサービスが同じベクトルをもつ生態

表1-3　おもなエコシステムサービスと生物多様性・保全とのかかわり

エコシステムサービス	直接的影響要因	生物多様性・保全との関わり
水源涵養 (水・土壌保全)	森林伐採履歴，施業管理様式，地形，地域社会構造（人口，インフラなど），土地利用	森林の組成・構造，樹木の多様性，土壌微生物，野生動物の多様性や個体密度（植生に影響を与える単一種が大量発生していないか）．森林パッチの連続性（断片化）．
炭素吸収・蓄積	森林伐採履歴施業管理様式，地形，土地利用	森林の組成・構造，樹木や動物の多様性，土壌微生物相，土壌動物相，菌類やシロアリなどの分解者，動植物の相互作用，動物による食害，動物による種子散布や花粉媒介による森林の更新過程への影響，食物連鎖．
保健・文化	生活水準，経済状態，社会構造，宗教観	森林からの財（獲物，木材資源，非木材製資源）の使われ方，利用方法．精霊思考の継承，森の恵みによる伝統文化・宗教の保全（言葉や生き物の分類方法）．

系の評価軸にはなり得ないということに注意を払い，どのような条件設定をすれば複数のサービス機能から得られる価値を最大限活用できるかについて十分な研究を行っておく必要があるだろう．その意味で，たとえば炭素蓄積機能と生物多様性との関係などの基礎的研究は今後重要性が増す可能性が高い．異なるエコシステムサービスのバランスに注目する考え方は，森林認証制度（たとえば，FSCやISO14001）のなかに見いだすことが出来る．たとえば，生物多様性に配慮した森林伐採方法を採用すると，短期的には厳しい施業管理のためにコストが高くつくかもしれないが，長期的に見れば環境への負荷が軽減される分だけ，そのコストの回収が可能になることも考えられる．またマーケットが高く買い上げてくれるというインセンティブによって環境負荷を押さえた新たな施業方法が編み出されているのも事実である．このように技術革新や政策（物流のシステム）の改革によって図1-2で示した最適解のアップグレードが可能になるということを指摘しておきたい．これらの考え方はエコシステムサービスの機能の整理と最適解を得るための工夫によって初めて可能となるものである．生物多様性条約で謳われている「生態系の保全」ではエコシステムアプローチ

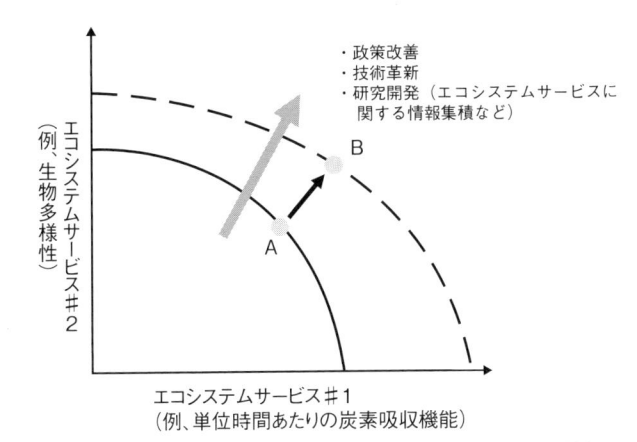

図 1-2 エコシステムサービス間のトレードオフ関係

サービス1と2から得られる価値の合計は点Aが載る実線上で最大となるが，政策改善，技術革新，研究開発などにより，最適解をアップグレードすることが可能である（点Bが載る破線上の曲線）．Millennium Ecosystem Assessment Committee [1998] Millennium ecosystem assessment: strengthening capacity to manage ecosystems for human development. http://www.ma-secretariat.org. より（一部改変）．

が強調されているが，これもまたエコシステムサービスの研究が土台となり初めて可能になることを付け加えておきたい．

5.3 エコシステムサービスと統合環境アセスメント

　エコシステムサービスの体系化やデータベースが構築されれば，これをもとにたとえば開発による環境リスクを試算したり，最適土地利用計画（土地適正評価フレーム）のためのゾーニングプラン提示できるようになる．これは開発対象地内での生物相のチェックリストを作成するだけのアセスメントではなく，対象地の生態系がもつ潜在的な機能の現状把握と開発に伴うリスク予測をおこなえるという点で，統合型の環境アセスメントともいえる．すなわち，開発の計画が持ち上がってからアセスメントをおこなうのではなく，多くのデータを基にあらかじめ開発を行う場所や開発監視地区のエコシステムサービスのポテンシャルを分析しておくことである（図1-3参照）．たとえば土壌浸食防止とい

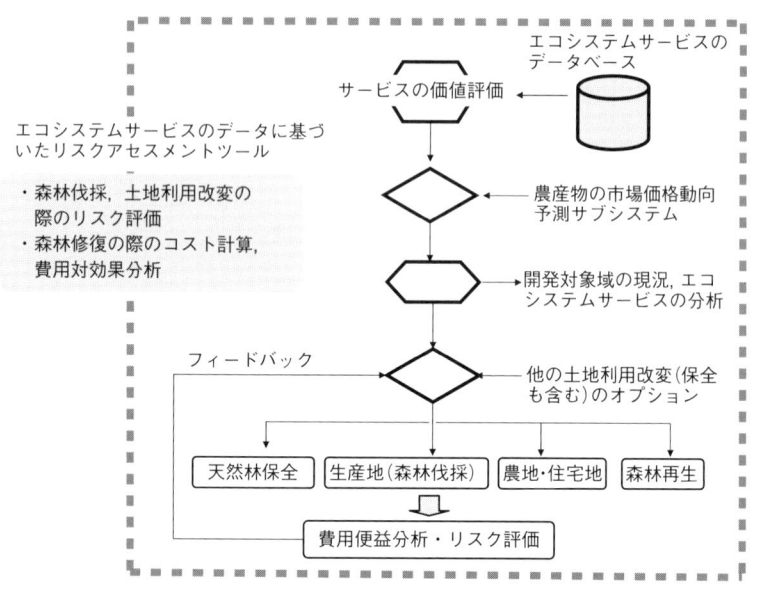

図1-3 エコシステムサービスの価値やGISを用いたリスクアセスメントの概念とそのためのツール開発

うサービス機能からいうと，対象地区はプランテーションではなく，すくなくとも生産林で保っておく必要があるとか，樹木の遺伝的な交流が正常におこなわれるためにはすくなくとも一定距離の範囲内に別の森林パッチが必要になるので，その林分は生産林ではなく自然林として保持しておかなければならないとか，さらには野生生物の生息域や正常な繁殖を確保する場合も，林分パッチ間の距離，生物の生息密度，多様性の状況，人口・集落密度などの情報をもとに，緑の回廊設置を設定する候補地や開発監視地区をあらかじめ選定しておくことなどが可能になる．本来環境アセスメントとは絶えず開発行為に対するフィードバックがかけられるようなシナリオ分析や，土地利用管理や開発が誤った方向に進みつつある判断されたときに速やかに環境修復をおこなえるようなオプションを予め設定できるようなものしておく必要がある．その意味で，

こうした統合環境アセスメントの重要性は熱帯生態系に限定されない．今後，日本のように，環境変動などに対応したソフトランディングを考えねばならない状況にあっては，最低限の課題として国土全体のエコシステムサービスのマッピングをおこなっておく必要がありそうだ．すなわち限られた資源・エネルギーを有効に利用し，余計な社会的な対立を最小限に抑え，「静かに暮らす」という意味に於いてもエコシステムによる「資産台帳」の作成は早急に開始すべき重要課題であると考える．

おわりに

本章ではエコシステムサービスの概要とその評価方法，問題点，さらにエコシステムサービスのデータベース化の重要性やそれらを元にした統合環境アセスメントの可能性などについて指摘した．補足事項として，まずエコシステムサービスのデータベース構築にあたっては本章で述べた機能以外についても十分な探索が必要であることを指摘しておきたい．とりわけ，森林などが地域社会にもたらす文化（知識）やレクリエーション，環境教育の機会提供などについての定量化は言うまでもなく，定性的な分析や研究すらもほとんど手つかずの状況である．こうした地域社会と森との関係については生物多様性と並んで伝統文化の多様性という視点からも，その重要性が近年指摘されている．第2点として，本章では取り上げなかったが，エコシステムサービスの多くは地を這い蹲って集める生態学的な調査に基づいたものである．しがたって，これらはピンポイントデータの集合体でしかない．エコシステムサービスをもとにした統合環境アセスメントへ発展させるためには，こうしたピンポイントのデータを如何に広い面積やランドスケープレベルにスケールアップするかが重要である．そのためには森林やさまざまな生態系の状況を教えてくれる「指標」の設定が必要である．前述の森林認証制度（FSC）や国際機関（ITTOやCIFORなど）や一部の森林管理に熱心な国（カナダ政府など）による森林管理のための基

準・指標（Criteria & Indicators）がマニュアルやガイドラインの基本骨格をなす部分になっているのはこのためである．エコシステムサービスの研究は既にコンセプトとしてオペレーショナルレベル（森林管理などへの応用）と深く結びついているのであるが，スケールアップ技術の開発など未だ，十分に研究が進んでいないことも指摘しておきたい．最後に，当然のことであるがエコシステムサービスのデータの空白域の補完や信頼性チェック，リスク管理プログラムやゾーニングプランの根拠となるデータの補正をたえずおこなっておけるようなシステム構築の必要性を指摘しておきたい．また，このような柔軟性をもたなければ，単なる算出結果だけが政策決定者の間で一人歩きしてしまう危険性が十分にあり得る．こうした管理プログラムでは用いたデータソースの検索や補完・補正が絶えずおこなえ，どのような根拠に基づいて結論に至ったかを示せるシステムにしておくことが肝要である．そうすることにより，一定の基準に基づいたエコシステムサービスの経済的な価値へと発展させることが出来ると考えられる．

オイルパームプランテーション

第2章　環境価値の評価手法[1)]

本章では，熱帯林およびそのエコシステムサービスの価値を評価するための手法について検討する．第1に，熱帯林が持っている環境価値の特徴を経済学的に整理するとともに，熱帯林価値を評価するための理論モデルを示す．第2に，これまでに開発されている環境評価の手法を取り上げ，熱帯林の価値を評価するためにどの手法が適しているのかについて検討する．第3に，環境評価の最近の研究動向を展望し，熱帯林評価への適用可能性を検討する．

1　熱帯林の環境価値と経済理論

1.1　熱帯林の価値とは

表2-1は熱帯林の持っている価値を経済学的な観点から分類したものである．第1章でも説明したように，熱帯林には，木材生産，農業生産，エコツーリズム，遺伝子資源，野生動物，生物多様性などさまざまな価値がある．このような多様な価値を経済学の視点から見ると，「利用価値（use value）」と「非利用価値（nonuse value）」に区分することができる．

利用価値とは，熱帯林を人々が直接または間接的に利用することで得られる価値である．たとえば，熱帯林を木材生産林や農業用地として直接的に利用する場合に得られる価値は，直接的利用価値と呼ばれる．また，エコツーリズムの場合は，木材生産や農地利用のように利用によって熱帯林が失われるわけではないが，熱帯林を訪れることで熱帯林の景観を間接的に利用しているので，間接的利用価値と呼ばれる．遺伝子資源の場合，熱帯林に存在する多様な遺伝子を医薬品として将来利用することによって得られる価値である．現在すぐに

表 2-1 熱帯林価値の分類

分　類	利用価値			非利用価値	
名　称	直接的利用価値	間接的利用価値	オプション価値	遺産価値	存在価値
内　容	熱帯林を直接的に利用することで得られる価値	熱帯林を間接的に利用することで得られる価値	熱帯林を将来利用するために保全することで得られる価値	熱帯林を将来世代のために保全することで得られる価値	熱帯林が存在すること自体で生じる価値
例	木材生産，農地利用など	景観，エコツーリズム利用など	遺伝子資源など	世界遺産など	生物多様性，希少種の保護，生態系保全など

医薬品として利用できないとしても，将来に利用するために残しておくことで得られる価値は，オプション価値と呼ばれている．

　一方，非利用価値は熱帯林を人々が利用しなくても得られる価値のことである．熱帯林に生息する野生動物をわれわれの世代が利用することがなくても，子どもや孫などの将来世代に残すべきだという意見がしばしば見られるが，このように熱帯林を将来世代に継承することで得られる価値は遺産価値と呼ばれる．また，われわれの世代も将来世代も利用することはないとしても，ただそこに熱帯林が存在するだけでも価値があるという意見もある．これは熱帯林の存在価値と呼ばれる．

　以上のように，第1章でみたようなエコシステムサービスの価値を含め，熱帯林の価値は非常に多様であり，そこには，利用価値だけではなく非利用価値も含まれている．そして，熱帯林問題とは，木材生産や農業生産として熱帯林を利用すべきだという利用価値の要求と，野生動物や生態系を保護すべきだというエコシステムサービスの価値あるいは非利用価値の要求の対立として捉えることができる．したがって，今後の熱帯林の利用と保全のあり方を検討するためには，熱帯林の利用価値と非利用価値のそれぞれを評価することが不可欠であろう．

1.2 補償余剰と等価余剰

　環境評価の手法によって熱帯林の価値を計測するためには，まず，その評価対象となる熱帯林価値の価値を経済学的に定義することが必要である．環境経済学では，市場価格の存在しない環境財の価値を測定するための貨幣測度として補償余剰と等価余剰が用いられている．環境財が改善された場合で見ると，補償余剰とは，環境財が改善された状態で，初期状態の効用水準に保持するために，消費者が最大支払ってもかまわない金額のことである．一方，等価余剰とは，環境財が改善される前の状態で，改善後の効用水準に保持するために消費者がすくなくとも必要な補償額のことである．

　図2-1は熱帯林の環境価値の貨幣測度を示すものである．図の横軸は熱帯林の保全水準（q），縦軸は貨幣（x）である．曲線は無差別曲線であり，この曲線上ではどれも同じ効用が得られる．熱帯林保全はプラスの効用を与えるものとする．初期状態では熱帯林の水準はq^0とする．ここで，熱帯林の保全策が実施され，保全水準はq^0からq^1へと上昇したとする．このとき，消費者の所得はMで一定なので，点Aから点Bへと移動し，消費者の効用はu^0からu^1へと上昇する．ここで，熱帯林の保全が実施されたq^1の水準のもとで，CSの金額だけ消費者から取り去ると消費者の所得は$M-CS$となり，点Cへと移動するため，効用水準は変化前のu^0となる．つまり，補償余剰は図のCSに相当する．

　つぎに，熱帯林を現在のq^0からq^1へと改善する保全策が中止されたとする．このとき，点Bから点Aへと戻るため効用水準は初期状態のu^0に戻る．このとき，消費者にESの金額だけ与えると，所得は$M+ES$となり点Dへと移動するため，熱帯林の保全が実施された後の効用水準u^1が得られる．したがって，図のESが等価余剰に相当する．

　数式を用いると補償余剰と等価余剰は以下のように定義される[2]．消費者の間接効用関数を$v(p,q,M)$とする．ただし，pは私的財の価格，qは環境財の数量，Mは所得である．ここで環境財がq'からq''へと変化したときの補償余

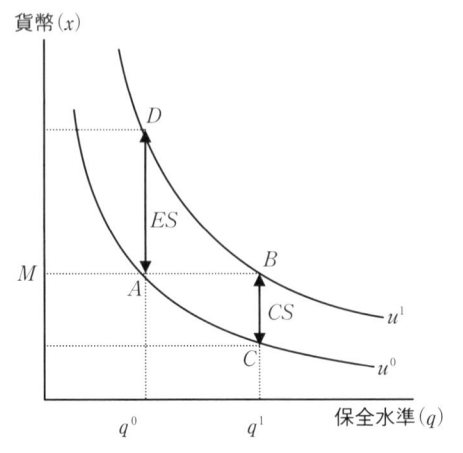

図2-1 熱帯林保全の貨幣測度

剰（CS）と等価余剰（ES）は以下のように定義される．

$$v(p,q',M)=v(p,q'',M-CS)=u'$$
$$v(p,q',M+ES)=v(p,q'',M)=u''$$
(1)

また，補償余剰と等価余剰は支出関数によっても定義することができる．間接効用関数 $u=v(p,q,M)$ を所得について解くと支出関数 $M=e(p,q,u)$ が得られる．支出関数は所与の価格および環境水準のもとで，ある効用水準に達成するための最小の支出額を示す．支出関数を用いると補償余剰（CS）と等価余剰（ES）は以下のように定義される．

$$CS=e(p,q',u')-e(p,q'',u')$$
$$ES=e(p,q',u'')-e(p,q'',u'')$$
(2)

このように，環境財の価値は，経済学的には補償余剰または等価余剰として定義される．したがって，熱帯林の価値を評価する際にも，熱帯林の保全または利用によって生じる厚生変化を補償余剰または等価余剰の貨幣尺度として評価

する必要がある．

2 環境評価手法の特徴

2.1 環境評価手法の分類

　環境経済学の分野では，環境の価値を貨幣単位で評価するための手法がいくつか開発されている．表2-2は代表的な評価手法を示したものである．環境が人々の経済行動に及ぼす影響から間接的に環境の価値を評価する顕示選好法（revealed preferences）と人々に環境の価値を直接たずねる表明選好法（stated preferences）の2つがある．顕示選好法には，旅行費用からレクリエーションの価値を評価する「トラベルコスト法」や，環境が地代や賃金に及ぼす影響を用いて評価する「ヘドニック法」が含まれる．一方の表明選好法には支払意志額をたずねる「CVM」や，複数の代替案に対する好みをたずねる「コンジョイント分析」が含まれる．

　たとえば，木材生産としての熱帯林の価値を評価する場合，木材には市場価格が存在するので，これをもとに木材としての熱帯林の価値を貨幣単位で評価することができる．エコツーリズムの場合は，熱帯林の景観には市場価格は存在しないが，エコツーリズムに参加するための旅費を支払っても熱帯林の景観を楽しみたいと参加者が考えているのであるから，参加者が支払った旅費をもとに熱帯林の景観の価値を評価することができる．このように，熱帯林の価値を市場価格によって評価するアプローチが顕示選好法である．

　だが，熱帯林の野生動物や生態系を保全することの価値は，顕示選好法では評価できない．野生動物や生態系には市場価格が存在しないため，市場価格をもとに評価することはできない．熱帯林の存在価値は，ただそこに熱帯林が存在すること自体が価値を持っており，存在価値は人々の経済行動には反映されないため，存在価値を評価するには人々に価値を直接聞き出す必要がある．そこで環境を守るためにいくら支払ってもかまわないかをたずねることで評価す

表 2-2 環境評価の手法一覧

分類	顕示選好法		表明選好法	
評価手法	トラベルコスト法	ヘドニック法	仮想評価法（CVM）	コンジョイント分析
内容	対象地までの旅行費用をもとに環境価値を評価	環境資源の存在が地代や賃金に与える影響をもとに環境価値を評価	環境変化に対する支払意志額や受入補償額をたずねることで環境価値を評価	複数の環境対策を提示し、その選好をたずねることで評価
適用範囲	利用価値 レクリエーション，景観などに限定	利用価値 地域アメニティ，水質汚染，騒音などに限定	利用価値および非利用価値 レクリエーション，景観，野生生物，種の多様性，生態系など非常に幅広い	利用価値および非利用価値 レクリエーション，景観，野生生物，種の多様性，生態系など非常に幅広い
利点	必要な情報が少ない 旅行費用と訪問率などのみ	情報入手コストが少ない 地代，賃金などの市場データから得られる	適用範囲が広い 存在価値や遺産価値などの非利用価値も評価可能	適用範囲が広い 環境価値を属性単位で分解して評価できる
問題点	適用範囲がレクリエーションに関係するものに限定される	適用範囲が地域的なものに限定される 推定時に多重共線性の影響を受けやすい	アンケート調査の必要があるので情報入手コストが大きい バイアスの影響を受けやすい	アンケート調査の必要があるので情報入手コストが大きい バイアスの影響を受けやすい

出典）栗山［2003］．

る表明選好法が用いられている．表明選好法には，環境変化に対する支払意志額をたずねる CVM（contingent valuation method：仮想評価法）と，複数の代替案を示して評価するコンジョイント分析（conjoint analysis）がある．

　表明選好法は，評価対象の範囲が広く，レクリエーション価値などの利用価値から，野生動物や生態系などの非利用価値まで評価できるという利点を持つ．だが，アンケートを用いて人々に価値を直接たずねるため，アンケートの設計

や質問のしかたによって評価額が影響を受けるバイアスと呼ばれる現象が生じやすいという欠点もある．このため，表明選好法により環境の価値を評価する際には，バイアスを回避するために回答者に図や写真を用いて評価対象の情報を提供するなどの工夫が重要である．

熱帯林の価値を評価する場合は，熱帯林の価値には木材生産や農地利用などの利用価値だけではなく，野生動物や生態系の価値も含まれることから，表明選好法を用いる必要がある．表明選好法にはCVMとコンジョイント分析があるが，CVMは熱帯林の総価値（total value）を評価できるものの，その価値の要因別に評価することは困難である．一方，コンジョイント分析を用いると，木材生産，農地利用，生態系保全などの土地利用別に熱帯林の価値を分解することができるため，今後の熱帯林保全策を検討するときに重要な情報を提供できる．なお，熱帯林を評価した先行研究には，CVMを用いた事例としてKramer et al. [1996] および Shyamsundar and Kramer [1996]，Kramer and Mercer [1997] などがあり，コンジョイント分析を用いた事例としては Holmes et al. [1998]，Rolfe et al. [2000]，栗山 [2002] がある．

2.2 トラベルコスト法[3)]

トラベルコスト法（travel cost method）は，訪問地までの旅費をもとにレクリエーションの価値を評価する．たとえば，中央アメリカに位置するコスタリカはエコツーリズムが有名で，世界各国からコスタリカの熱帯林を目的に多数の観光客が訪れている[4)]．コスタリカを訪問するためには高い旅費を支払う必要があるが，それだけの旅費を支払ってでもコスタリカの熱帯林を訪問する価値があると考える人が多いからこそ，世界から多数の訪問者が集まるのである．したがって，訪問者の支払った旅費にはコスタリカの熱帯林の訪問価値が反映されているであろう．これがトラベルコスト法の考え方である．

トラベルコスト法は，1947年にホテリング（Hotelling）がアメリカ国立公園局に出した手紙の中で最初のアイデアが示され，1959年にクローソン（Claw-

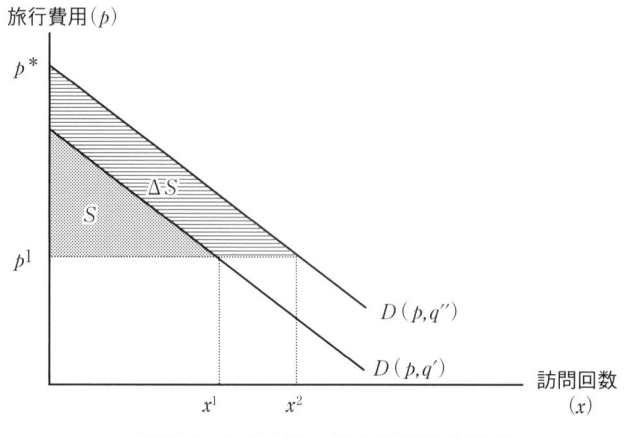

図2-2　トラベルコスト法による評価

son）によって最初の実証研究がおこなわれた[5]．その後，多数の実証研究がおこなわれるとともに，手法の洗練化がおこなわれた．トラベルコスト法には，単一のレクリエーション・サイトのみを対象とするシングルサイト・モデルと，複数のレクリエーション・サイトを対象とする離散選択モデルがある．

　図2-2はシングルサイト・モデルによるトラベルコスト法の考え方を示すものである．縦軸は旅行費用（p），横軸は訪問回数（x）である．q'は現在の訪問地の景観の状態，$D(p,q')$は訪問者のレクリエーション需要関数である．このとき，レクリエーションの貨幣価値を消費者余剰によって計測すると図のSによって示すことができる．また，訪問地の景観が現在のq'からq''へと改善されたとする．このとき，レクリエーション需要関数は$D(p,q')$から$D(p,q'')$へとシフトする．弱補完性の性質を仮定し[6]，所得効果が小さく補償需要関数を需要関数で近似できるとすると，需要関数のシフトの面積（図のΔS）によって訪問地の景観改善の貨幣価値を計測できる．

　なお，レクリエーション需要関数を推定する際には，訪問回数が整数値しかとらないことから，ポワソン回帰モデルなどのカウントモデルが使われること

が多い.また,訪問地でデータを採取すると,訪問回数は1回以上のデータとなるが,実際には訪問したことのない(つまり訪問回数がゼロ)人も多数存在する.この場合,Tobit などを用いて切断データを分析する必要がある.

このように,シングルサイト・モデルは,旅行費用と訪問回数(または訪問率)のデータのみからレクリエーション価値を評価することができる.ただし,シングルサイト・モデルには代替地の影響を評価できないという欠点が残されている.訪問者が訪問先を決める際には,周辺の別のレクリエーションサイトと比較の上で訪問先を決めるであろう.たとえば,ある地域にAとBの2つのキャンプ場があるとする.シングルサイト・モデルでキャンプ場Aの価値を評価する場合,Bのキャンプ場については考慮されない.だが,もしもキャンプ場Bが閉鎖されたならば,多くの訪問者がキャンプ場Aに流れるため,キャンプ場Aの訪問者が増加するだろう.あるいは,新しくキャンプ場Dが新設されると,そちらに訪問者が流れるため,キャンプ場Aの訪問者は減少するだろう.このような代替地の影響をシングルサイト・モデルでは考慮できない.

そこで,複数の訪問地を対象とする離散選択モデルが1980年代に入ってから用いられるようになった.離散選択モデルでは,複数のレクリエーション地から訪問地を選択する行動をモデル化することで,代替地の影響を評価することが可能である[7].ただし,離散選択モデルは,訪問地の選択行動に着目しているため,複数回の訪問行動を評価が困難という欠点がある.そこで,訪問地の選択行動を離散選択モデルによって評価し,その結果を用いて訪問回数を分析することで訪問地選択と訪問回数選択を逐次的に推定するリンクモデルや,訪問地選択と訪問回数選択の両者を統一的なフレームワークでモデル化するクーン・タッカーモデルなどが考案されている.

2.3 ヘドニック法

ヘドニック法(hedonic method)は,環境が地代や賃金に及ぼす影響をもとに

環境の価値を評価する手法である．もともとは，ヘドニック法は，製品価格を製品の品質によって計測する手法として開発され，ローゼン（Rosen）によってヘドニック法の理論モデルが構築された．環境経済学の分野では1960年代後半から1970年代にかけて環境評価の手法として導入された[8]．

　ヘドニック法では，土地市場や労働市場を代理市場として用いる．土地市場に着目する場合，人々が住宅を選択するときに騒音や大気汚染などの環境汚染や緑地などの環境アメニティを考慮すると想定し，環境汚染や環境アメニティが地代に及ぼす影響を推定することで環境汚染や環境アメニティの貨幣価値を計測する．労働市場に着目する場合，人々が職業を選択するときに，その職業の死亡リスクを考慮すると想定し，死亡リスクが賃金に及ぼす影響を推定することで，統計的生命の価値を計測する．

　ヘドニック法は，土地市場を用いる場合は地代と土地属性のデータ，労働市場を用いる場合は賃金と職業属性のデータのみで評価できるという利点がある．これまでの実証研究では，土地市場に着目した研究では，騒音，大気汚染，水質，道路建設などの社会資本整備，廃棄物処分場建設の影響などを計測したものがある．一方，労働市場に着目した研究では死亡リスクや統計的生命の価値を計測する研究が中心である．だが，ヘドニック法は代理市場を用いて評価することから，代理市場に影響を及ぼさない対象については評価できない．地球温暖化や熱帯林破壊などの地球環境問題は地球的規模で環境破壊の影響が及ぶが，このような地球環境問題に対しては，どこに住んでいようと，どの職業を選ぼうと関係なく影響を受けることになるため，土地市場や労働市場を用いるヘドニック法では評価できない．

2.4　CVM[9]

　CVM（contingent valuation method）はアンケートを用いて環境変化に対するWTP（willingness-to-pay：支払意志額）またはWTA（willingness-to-accept for compensation：受入補償額）を人々にたずねることで評価する手法である．評価対象[10]

の範囲が広く，野生動物や生態系などの非利用価値も評価できるという利点を持っている．

CVMでは現在の環境の状態と変化後の環境の状態を示した上で，この環境変化に対して最大支払ってもかまわない金額（支払意志額：WTP），またはすくなくとも必要な補償額（受入補償額：WTA）をたずねることで，補償余剰または等価余剰を直接評価する．具体的には以下のような質問をおこなう．

【環境が改善された場合】

環境改善に対する WTP　環境を現在の q' から q'' に改善させる政策が計画中だとします．この政策を実施するためには，あなたは最大いくらまで支払う意志がありますか．（補償余剰）

環境改善中止に対する WTA　環境を現在の q' から q'' に改善させる政策が計画中だとします．この政策が中止されることになったとしたら，あなたはいくらの補償が必要ですか．（等価余剰）

【環境が悪化した場合】

環境悪化阻止に対する WTP　環境を現在の q' から q'' に悪化させる政策が計画中だとします．この政策を中止するためには，あなたは最大いくらまで支払う意志がありますか．（等価余剰）

環境悪化に対する WTA　環境を現在の q' から q'' に悪化させる政策が計画中だとします．この政策が実施された場合，政策導入以前と同じ状態に戻るためには，あなたはいくらの補償が必要ですか．（補償余剰）

このように，CVMは環境変化に対するWTPまたはWTAを直接たずねることで環境の価値を評価するが，WTPやWTAをたずねる設問では，数種類の質問形式が開発されている．図2-3は森林保護の価値をWTPで評価する場合を例に，CVMの質問形式を示したものである．

第1の質問形式は，自由回答形式と呼ばれるものである．これは回答者に自

（1）自由回答形式

あなたはこの森林を保護区域に指定して森林生態系を守るためにいくら支払っても構わないと思いますか．以下の空欄に金額をご自由にご記入ください．
　　　　　　　　　円

（2）付け値ゲーム形式

あなたはこの森林を保護区域に指定して森林生態系を守るために500円を払っても構わないと思いますか．「はい」
では1000円ではどうですか．「はい」
…
では9000円ではどうですか．「いや，それほどは払えません」
では8500円くらいではどうですか．「そうですね，そのぐらいですね．」

（3）支払カード形式

あなたはこの森林を保護区域に指定して森林生態系を守るためにいくら支払っても構わないと思いますか．以下の中からどれか一つを選んで番号に○をつけてください．
1．0円　　2．100円　　3．300円　　4．500円
5．800円　6．1,000円　7．2,000円　8．3,000円
9．5,000円　10．8,000円　11．1万円　12．2万円以上

（4）二肢選択形式

あなたはこの森林を保護区域に指定して森林生態系を守るために1000円を払っても構わないと思いますか．以下のどちらかを選んでください．
　　　　　1．はい　　2．いいえ

図2-3　CVMの質問形式

由に金額を記入してもらう方法である．この自由回答方式では，無回答が多数発生したり，極端に高い金額や低い金額が発生することが知られている．この原因としてはこの質問形式が通常の消費者行動とはかけ離れたものであることが考えられる．人々は商品を購入するときには製品価格をもとに購入するか否かを判断することにはなれているものの，製品に対していくら支払えるかを答えることには慣れていない．このため，価格の存在しない環境財に対してWTPをたずねられると，普段とは異なる意思決定が必要となることから，バイアスが生じる可能性がある．

　第2の質問形式は，付け値ゲーム形式である．これは最初にある金額を提示

し，それ以上支払うか否かをたずね，Yes 回答の場合にはさらに高い金額を提示し，No 回答が得られるまで金額を上げていく方法である．付け値ゲーム方式は初期の CVM ではしばしば用いられたが，付け値ゲーム形式には最初の提示額によって回答が影響を受ける「開始点バイアス」が存在することが知られているため近年はあまり使われていない．

　第 3 の質問形式は，支払カード形式である．これは，0 円，100 円，200 円，300 円，……などと記入されたカードを用いて，自分の WTP に相当する選択肢を選んでもらう方法である．支払カード方式では，自由回答方式のように大量の無回答が発生することはないが，提示した金額の範囲が回答に影響を及ぼす可能性があり，これは「範囲バイアス」と呼ばれている．

　第 4 の質問形式は，二肢選択形式である．これは，ある金額を提示して，回答者は Yes または No のどちらかを回答するものである．提示額と Yes または No 回答の関係を統計的に分析することで，回答者の WTP または WTA を推定する．1 回だけ金額を提示する場合はシングルバウンドと呼ばれ，2 回金額を提示する場合はダブルバウンドと呼ばれている．ダブルバウンドの場合は，最初の提示額に Yes と答えた回答者にはさらに高い金額をもう一度提示し，最初に No と答えた回答者にはより低い金額をもう一度提示する．ダブルバウンドはシングルバウンドよりも統計的効率性が高く，少ないサンプルでも有意な結果が得られるという特徴を持つ．

　二肢選択形式は，商品の価格を見て購入するか否かを決めるという通常の消費行動に近い質問形式であることから，無効回答が比較的少ない．さらに，シングルバウンドの場合は回答者が意図的に金額を過大評価または過小評価しようとする誘因も存在しないことから，バイアスの少ない質問形式として，今日では最もよく使われている．ただし，二肢選択形式では Yes または No の回答しか得られないので，提示額と Yes/No 回答の関係を統計的に分析することで WTP や WTA を推定する手続きが必要となる．[11]

　CVM は野生動物や生態系などの非利用価値を評価できるという利点を持っ

ているものの，アンケートを用いることから，設問内容が回答に影響を及ぼす「バイアス」と呼ばれる現象が生じやすいという欠点が存在する．たとえば，回答者が意図的にWTPを過大または過少に表明しようとする「戦略バイアス」，調査者の考える評価対象と回答者が受け取る評価対象の範囲が異なる「部分全体バイアス」，支払い手段が回答に影響を及ぼす「支払い手段バイアス」などが知られている．アンケート設計や調査方法に不備があると，こうしたバイアスが発生し，評価額の信頼性が低下する危険性があることに注意が必要である．

2.5 コンジョイント分析[12)]

コンジョイント分析は，もともとは計量心理学や市場調査の分野で発展してきた手法であるが，1990年代に入ってから環境経済学の分野でも研究が開始された．コンジョイント分析はCVMと同様に選好表明法に分類され，評価対象に対する選好を回答者に直接たずねる．しかし，CVMが評価対象の総価値を評価するのに対して，コンジョイント分析は属性別に価値を評価することができるという特徴を持つ．たとえば，熱帯林の価値には，木材生産，景観保全，遺伝子資源，野生動物保全，生態系保全などのさまざまな価値が含まれる．CVMはこれらの全体の価値として熱帯林の価値を評価することは可能だが，個々の価値に分解することは難しい．一方，コンジョイント分析を用いると，熱帯林の価値を構成要素別に分解して評価することができる．しかも，CVMと同様に生態系価値などの非利用価値も評価することが可能であるため，世界中の研究者がコンジョイント分析に注目している．

コンジョイント分析の特徴の1つは，プロファイル（profile）と呼ばれるカードを用いることである．プロファイルとは，一連の属性によって構成される属性の束のことであり，具体的には私的財の場合は特定の商品に相当し，環境財の場合は特定の環境政策が相当する．たとえば，熱帯林を木材生産，農地転用，生態系保全などの目的でゾーニングをおこなう場合を考えよう．この場

(1) 完全プロファイル評定型

	対策1
木材生産地域	100ha
農地転用地域	20ha
生態系保全地域	50ha
負担額	1000円

以下の対策をどのくらい好ましいと思いますか. 0〜100点で点数をつけてください.

｜ ｜点

(2) ペアワイズ評定型

以下の2つの対策のどちらが好ましいと思いますか？

	対策A
木材生産地域	100ha
農地転用地域	20ha
生態系保全地域	50ha
負担額	1000円

	対策B
木材生産地域	50ha
農地転用地域	80ha
生態系保全地域	100ha
負担額	3000円

非常にAがいい　　どちらともいえない　　非常にBがいい
　　1　　　　2　　　　3　　　　4　　　　5

(3) 選択型実験

以下の4つの対策の中でもっとも好ましいものはどれですか？　一つだけ選んでください．

	対策1	対策2	対策3	対策4
木材生産地域	100ha	50ha	10ha	現状のまま
農地転用地域	20ha	80ha	60ha	
生態系保全地域	50ha	100ha	20ha	
負担額	1000円	3000円	500円	0円

図2-4　コンジョイント分析の質問形式

合，森林ゾーニング政策は，木材生産，農地転用，生態系保全の面積，そして対策を実施するために必要な負担額などの属性によって構成される．各属性の値を組み合わせることでプロファイルが作成される．たとえば，木材生産地域100ヘクタール，農地転用地域20ヘクタール，生態系保全地域50ヘクタール，負担額5000円という組み合わせから1つのプロファイル（対策）が得られる．

コンジョイント分析は，プロファイルを回答者に示して，プロファイルに対する選好を回答者にたずねる．プロファイルを回答者に提示する方法には，1つのプロファイルを提示してどのくらい好ましいかをたずねる完全プロファイル評定型（full profile rating），2つの対立するプロファイルを提示してどちらがどのくらい好ましいかをたずねるペアワイズ評定型（pairwise rating），複数のプロファイルを提示してもっとも好ましいものを選んでもらう選択型がある．[13]

完全プロファイル評定型は，プロファイルの満足度を自由に記入してもらうため，CVMにおける自由回答形式と同様に，無効回答や極端な値が生じることがある．また属性の数が多いと回答者が混乱する危険性があるため，属性数が少ないときしか使うことができない．これに対して，ペアワイズ評定型では，すべての属性を示さなくても，2つのプロファイルで異なる属性のみを示す部分プロファイル（partial profile）を用いることができるため，属性数が多いときでも評価が可能という利点がある．選択型は，複数の商品の中から1つを選ぶという通常の消費形態に近いため回答しやすく，「どれも選ばない」という選択肢を入れることも可能である．選択型は，ランダム効用モデルを用いて分析が行われるため，経済理論との整合性が高く，環境経済学の分野では選択型が使われることが多い．

2.6 最近の研究動向

環境評価の手法は1980年代後半から1990年代にかけて環境政策に本格的に使われるようになったことから，多数の研究者が環境評価に注目を集めるようになり，研究が劇的に進展した．ここでは，最近の研究動向について展望しよ

う．

　第1に，離散選択モデルに関する統計分析手法の洗練化が進んでいる．離散選択型モデルでは，従来は条件付きロジットモデルが使われることが多かったが，条件付きロジットモデルは，回答者が同質的であり，かつ誤差項が独立であると仮定されていたが，環境評価においては，これらの仮定は満たされないことが多い．たとえば，環境に対する価値観は人によって大きくことなるため同質性の仮定は非現実的である．そこで，同質性の仮定を緩和した「ランダムパラメータ・ロジットモデル」や「潜在クラスロジットモデル」が開発されている．ランダムパラメータ・ロジットモデルは，効用パラメータが個人間で異なると想定し，パラメータが確率的に変動することをモデルに組み込んだものである．一方の潜在クラスロジットモデルは，回答者がいくつかのグループ（クラス）に分かれていると想定し，各グループ別にパラメータを推定するモデルである．こうした新しく開発された離散選択モデルは，離散選択トラベルコスト法や選択型コンジョイント分析において実証研究がおこなわれている．

　第2に，トラベルコスト法ではシングルサイトモデルと離散選択モデルの統合するために，リンクモデルやクーン・タッカーモデルの開発が進んでいる．離散選択モデルは，訪問地の選択行動を分析できるが，訪問回数についてはモデルが非常に複雑になるため分析が難しい．このため，シングルサイトモデルと離散選択モデルを結合した「リンクモデル」が提案されている．これは，訪問地の選択行動を離散選択モデルによって評価し，その結果を用いて訪問回数を分析することで訪問地選択と訪問回数選択を逐次的に推定するモデルである．これに対してクーン・タッカーモデルは，訪問地選択と訪問回数選択を1つの効用最大化問題としてモデル化することで，両者を統一的なフレームワークで分析をおこなう．クーン・タッカーモデルでは，効用最大化問題の一階の条件を用いて，訪問回数がゼロのときは端点解，訪問回数が正のときは内点解の条件を適用する．クーン・タッカーモデルは，経済理論との整合性が極めて高いという利点を持っているが，モデルが複雑なためレクリエーションを対象とし

たクーン・タッカーモデルの実証研究は不可能と思われていた．しかし，2000年代に入ってからコンピュータの計算能力が大幅に改善されたことを背景に，本格的な実証研究もおこなわれるようになった．[18)]

　第3に，ヘドニック法については，地理情報システム（GIS）の利用や空間回帰モデルの導入化が行われている．近年，地理情報システムが普及したことで，さまざまな土地利用に関する数値情報のデータベース化が進み，土地市場を用いるヘドニック法のデータ入手が容易になった．また，空間計量経済学の分野では空間データを対象とする統計分析手法の開発が進んでおり，こうした新しい分析手法をヘドニック法に適用する研究がおこなわれている．

　第4に，コンジョイント分析では，プロファイルデザインに関する研究が進んでいる．コンジョイント分析では，属性間の相関が生じない直交配列を用いたプロファイル設計がよく使われている．だが，直交配列をそのまま用いると，非現実的なプロファイルが多数生じてしまう．また，ペアワイズ評定型や選択型の場合，対策間のトレードオフを保つ必要があるが，直交配列では，すべての属性において他の対策よりも好ましい対策（支配プロファイル）が提示されることがある．そこで，属性間の相関をできるだけ抑えつつ，対策間のトレードオフが生じるようなプロファイル設計方法の開発が必要である．CVMの提示額設計では，プレテストの結果を用いて統計的に効率性の高い提示額を設計する方法として，C最適設計やD最適設計が提案されているが，これらと同様な方法がコンジョイント分析においても研究されている．[19)]

　第5に環境評価に実験経済学のアプローチを導入する研究がおこなわれている．CVMやコンジョイント分析などの表明選好アプローチでは表明されたデータを用いるが，アンケート上で回答するだけで，実際に支払いがおこなわれるわけではないので，支払いの仮想性によるバイアスが生じる危険性がある．一方，実験経済学アプローチでは，実際にお金の取引がおこなわれるため，このようなバイアスは発生しにくい．そこで，表明選好法と実験経済学で評価結果を比較することで，支払いの仮想性を分析する研究がおこなわれている．[20)]ま

た，CVM 研究では WTP と WTA で非常に大きな格差が見られることが経験的に知られているが，こうした WTP と WTA の乖離を実験室内で統制された状況下において確認する研究もおこなわれている[21]．

3 熱帯林評価への適用可能性

　本章では環境評価の各手法について展望をおこなってきたが，これを踏まえて熱帯林評価への適用可能性を検討しよう．熱帯林の価値には，木材生産，レクリエーション，生態系・生物多様性の保全などが含まれるが，表 2-3 は，エコシステムサービスの価値を含めたそれぞれの熱帯林の価値に対して，どの評価手法が適用可能かについて整理したものである．
　トラベルコスト法は，熱帯林への訪問行動をもとに評価することから，レクリエーションに関するものは評価できるものの，それ以外の熱帯林の価値については評価できない．ヘドニック法は，土地市場などの代理市場を用いるため，もしも木材生産性が林地価格に正しく反映されるならばヘドニック法によって木材生産の価値を評価できるかもしれない．だが，現実には多くの熱帯地域では土地市場が完全競争市場という仮定は非現実的であり，ヘドニック法によって熱帯林の価値を計測することは容易ではない．これに対して，CVM やコンジョイント分析は，表明されたデータを用いることから，いずれの価値も評価可能である．ただし，CVM は価値を属性別に分解できないため，それぞれの価値を評価するためには複数回の調査をおこなう必要がある．これに対して，コンジョイント分析は属性単位で評価できるため，1 回の調査をおこなうだけで，木材生産，レクリエーション，生態系・生物多様性の価値を評価できるという利点がある．
　また，熱帯林の保全策のあり方を検討する上では，いくつかの対策の代替案を比較検討する作業が不可欠であるが，こうした代替案評価という観点からも，それぞれの手法の可能性について検討しよう．トラベルコスト法の場合，離散

表 2-3 熱帯林評価への適用可能性

	顕示選好法		表明選好法	
	トラベルコスト法	ヘドニック法	仮想評価法(CVM)	コンジョイント分析
木材生産など(利用価値)	×	△	○	○
レクリエーション(エコシステムサービスの価値)	○	×	○	○
生態系生物多様性など(エコシステムサービスの価値)	×	×	○	○
代替案評価	○	○	△	○

選択モデルを用いると,代替案別に各サイトの訪問確率がどのように変化するかを計算できるため,代替案評価が可能である.ヘドニック法では,推定された地代関数を用いると,対策を実行することで地代がどのように変化するかを代替案別に評価できる.一方,CVMは特定の対策の価値を評価することはできるものの,代替案評価をおこなうためには,比較する代替案の数だけ調査をおこなう必要があり,調査コストが増加してしまうという問題点がある.これに対して,コンジョイント分析は,属性単位で評価できることから,属性の組み合わせで代替案を構成することで,比較的簡単に代替案評価をおこなうことができる.

以上のことから,熱帯林の持っているさまざまな価値を代替案別に評価するという目的には,コンジョイント分析が最適であるといえる.なお,コンジョイント分析には,本章で示したようにさまざまな質問形式が開発されているが,環境経済学の分野では,経済理論と整合性の高い選択型コンジョイント分析が使われることが多い.そこで,第3章では選択型コンジョイント分析の理論的背景となっている離散選択モデルについて詳しく検討する.

注

1) 環境評価の手法については，栗山［2003］が全体的な展望をおこなっている．個々の手法については，鷲田・栗山・竹内［1999］，大野［2000］が詳しい．
2) 数式を用いた議論の詳細については栗山［1998］や Freeman［2003］が詳しい．
3) トラベルコスト法については，Herriges and Kling［1999］や Parsons［2003］が詳しい．
4) コスタリカ政府観光局（Costa Rica Tourist Board）によると，2003年にコスタリカを訪れた124万人のうち，49％は北米からの訪問者であった．日本からも6000人近くが訪れている．コスタリカのエコツーリズムが注目されたことから訪問者数は過去10年間で約2倍にまで増加している．
5) トラベルコスト法の歴史については Hanemann［1992］や Parsons［2003］が詳しい．
6) 弱補完性とは，私的財が非本質財であり，かつ私的財の消費量がゼロのときは環境財の限界価値もゼロという性質のことである．弱補完性の仮定が満たされると，環境財の変化によって補償需要関数がシフトした面積は，環境変化の補償余剰に等しくなる．詳細は栗山［1998］第2章を参照．
7) 離散選択モデルの詳細については第3章を参照．
8) ヘドニック法については肥田野［1997］や浅野［1998］が詳しい．
9) CVM の訳語は，「仮想評価法」，「仮想市場法」，「仮想市場評価法」などが用いられており統一した訳語は存在しない．一般に，略語の CVM が使われていることから，ここでも CVM と表記する．
10) CVM の詳細については栗山［1997；1998］を参照．
11) 二肢選択形式に必要な統計分析手法については，栗山［1998］，Hanemann and Kanninen［1999］，Haab and McConnell［2002］が詳しい．また栗山［1997］には統計分析に必要なソフトの紹介や二肢選択形式のデータを分析するためのプログラム例が掲載されている．
12) コンジョイント分析については栗山［2000a］が詳しい．
13) 選択型は，選択型コンジョイント（choice-based conjoint）あるいは選択型実験（choice experiments）と呼ばれることがある．
14) 離散選択モデルの統計分析手法の詳細は第3章を参照．
15) Morey et al.［1993］は，離散選択モデルを繰り返し適用することで訪問回数についても分析を行うリピーテッド・モデルを提案している．
16) リンクモデルについては，Hausman et al.［1995］および Parsons［2003］を参照．

17) クーン・タッカーモデルの詳細は，von Haefen and Phaneuf（forthcoming）を参照．
18) レクリエーションを対象とするクーン・タッカーモデルの最初の実証研究は Phaneuf et al. [2000] である．このときは，選択集合が小さいときしか推定できなかったが，その後，von Haefen et al. [2004] によって改良がおこなわれ，選択集合が大きいときでも推定が可能となり実用化が可能となった．
19) プロファイルデザインの詳細については，栗山 [2000b] を参照．
20) List and Gallet [2001] は，これまでにおこなわれた仮想支払と現実支払を比較する実験研究（29事例）を分析しているが，仮想支払の WTP は現実支払の WTP に比べて平均で約3倍であった．また，WTP と WTA を比較する実験も多数おこなわれている．
21) Horowitz and McConnell [2002] は WTP と WTA の乖離に関するこれまでの研究成果をもとにメタ分析をおこなっている．また，実験室内で WTP と WTA の乖離を分析した研究としては，Kahneman et al. [1990] や Shogren et al. [1994] があるが，経済実験においても公共財は WTP と WTA の乖離が生じやすいことが確認されている．

第2章　環境価値の評価手法　　47

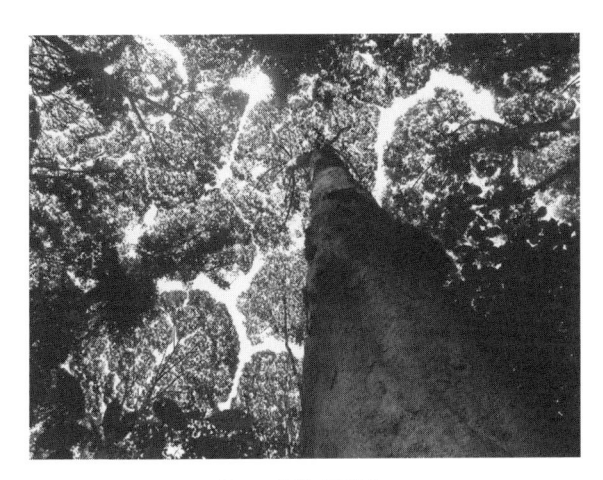

Kapurの森（FRIM）

Kapurの種

第3章　選択型コンジョイント分析の基礎理論[1]

　選択型コンジョイント分析では，被験者に対して，次章にみるような選択問題を繰り返して与えて，それらの質問に対する被験者の回答結果を統計的に解析し，それぞれの属性[2]が選択行動に与える影響を推定する．選択型コンジョイント分析[3]における統計的解析には一般に離散選択モデル（discrete choice model）を用いる．本章ではこの離散選択モデルについて概説するが，とくに環境評価分野で広く使われ，本研究でも採用しているランダム効用理論に基づくロジットモデルを中心に説明する．

1　ランダム効用理論

　ランダム効用理論（random utility theory）では，ある個人が選択肢集合 C から選択肢 j を選んだときの効用を U とすると（以下，個人を示す添え字は省略），

$$U_j = V_j + \varepsilon_j$$

とあらわす．ただし，V は効用のうち観察可能な部分，ε は観察不可能な部分である．ある個人が選択肢 j を選択する確率 P_j は，選択肢 j を選んだ場合の効用 U_j が，それ以外の選択肢 k を選んだときの効用 U_k よりも高くなる確率なので，以下のとおりとなる．

$$\begin{aligned}P_j &= \Pr(U_j > U_k, \forall k \in C)\\ &= \Pr(V_j - V_k > \varepsilon_k - \varepsilon_j, \forall k \in C)\end{aligned}$$

ちなみに本研究では三択としたため，もし選択肢 A が選ばれた場合は，

$U_A>U_B$, $U_A>U_C$ となる．そして，観測不可能な部分の誤差項 ε に何らかの分布を仮定すればこの確率を定式化できる．

確定項 V_j に $V_j=\beta X_j$ という線形（linear）の効用関数を仮定すると，

$$U_j=\beta X_j+\varepsilon_j$$

となり，X は選択型コンジョイント分析における属性変数に相当する．本研究では以下のような関数を設定している．

$$\begin{aligned}U_j&=V_j+\varepsilon_j\\&=\beta_1 x_{1j}+\beta_2 x_{2j}+\beta_3 x_{3j}+\beta_p p_j+\varepsilon_j\end{aligned}$$

x_1 は保護林の面積，x_2 は生産林の面積，x_3 は農地の面積，p は追加的税額，β は推定係数である．

2 条件付きロジットモデル

2.1 条件付きロジットモデルについて

ランダム効用理論に基づく選択型コンジョイント分析では，条件付きロジットモデルを用いて推定することが一般的である．条件付きロジットモデルでは誤差項に対して第1種極値分布[4]を仮定する．そして先ほどの効用関数を用いると，

$$P_j=\frac{e^{V_j}}{\sum_k e^{V_k}}$$

という条件付きロジットモデル（conditional logit model: CL）が得られる[5]．ただしスケールパラメータは1とする．第2章でも説明したとおり，条件付きロジットモデルでは，回答者の選好が同質的であり，誤差項に独立で同一の分布（iid; independently identically distributed）を仮定している．

2.2 推定と尤度関数

条件付きロジットモデルの係数の推定は最尤法（maximum likelihood estimation）による[McFadden 1974]．計算には NR（Newton-Raphson Method），BHHH（Berndt-Hall-Hall-Hausman Method），BFGS（Broyden-Fletcher-Goldfarb-Shanno Method）などの数値計算をおこなうことが一般的である．ただしこのうち NR 法は収束時間が遅いため，BHHH や BFGS が用いられることが多い．最尤推定量は，一致性，漸近正規性および漸近有効性を有し，係数の有意性の検定には t 検定を用いることができる[土木学会 1995, Train 2003]．

対数尤度関数 LL（log likelihood function）は，

$$LL(\beta) = \sum_i \sum_j d_{ji} \ln(P_{ji})$$

となる（i は個人を示す添え字）．d は，選択肢 j を選んだ場合は 1 でそれ以外の場合にはゼロとなるダミー変数である．

条件付きロジットモデルによる推定モデルの説明力を示す尤度比インデックス（ρ）は以下の式であらわされる．

$$\rho = 1 - \frac{LL(\beta)}{LL(0)}$$

$LL(\beta)$ は推定モデルの対数尤度，$LL(0)$ はすべてのパラメータを 0 としたときの対数尤度である．

3 厚生の貨幣的尺度

ランダム効用理論に基づく条件付きロジットモデルを用いると，経済学理論に裏付けられた厚生の貨幣的尺度を導ける．厚生の貨幣的尺度についてはすでに第 2 章で説明したので，ここでは条件付きロジットモデルにおいて定式化しよう．

3.1 支払意志額

第2章のとおり,厚生の貨幣的尺度としては,補償余剰(CS: compensation surplus)が一般的に用いられ,支払意志額(WTP: willingness to pay)として解釈される.

先ほどの条件付きロジットモデルにおける支払意志額あるいはWTPは,以下のように示される[6][Hanemann 1984; Haab and McConnell 2002].

$$WTP = [\ln(\sum_j e^{Vj}) - \ln(\sum_j e^{V^0j})] \cdot \beta_p^{-1}$$

ただし V^1 は環境変化後の状態を,V^0 は変化前の状態を示している.

4 IIA特性

条件付きロジットモデルは,IIA (independence from irrelevant alternatives；無関係な選択肢からの独立性)という特性を有している[7].条件付きロジットモデルでの任意の2つの選択肢の選択確率の比 P_j/P_h は,分母分子それぞれにロジット確率を当てはめて整理すると,e^{Vj}/e^{Vh} となり,選択肢 j および h 以外の選択肢は選択確率に影響を与えないことが分かる.これがIIA特性,すなわち無関係な選択肢からの独立性である.IIA特性については,赤バス・青バス問題が広く知られているので,以下に簡単に紹介しよう[Train 2003].

ある個人が交通手段を選択する際,車とバス(赤色のバス)の選択肢があるとする.車とバスへの選好が同じ場合,選択確率は1/2ずつとなる.ここで青色のバスが新たに導入される.赤バスとの違いは色だけなので赤バスと青バスへの選好は同じである.その場合,本来なら,車を選ぶ確率の1/2はそのままで,赤バス・青バス間での選択確率が1/4ずつに分かれるはずである.しかし条件付きロジットモデルでは,IIA特性すなわち無関係な選択肢からの独立性から,選択確率は1/3ずつになる.つまりバスが過大評価されたことになる.一般的には,類似した選択肢の選択確率が過大評価されてしまうのである.

このような IIA 特性や選好の同質性といった条件付きロジットモデルの課題点を改善するため，ネスティッドロジットモデル，不均一分散ロジットモデル，ランダムパラメータロジットモデル，潜在クラスロジットモデルなどが開発されてきている．このうち，ランダムパラメータロジットモデルおよび潜在クラスロジットモデルについては，後に紹介する．

4.1　IIA の長所と IIA 検定

IIA 特性にはメリットもある．無関係な選択肢から独立であるという IIA 特性を利用すれば，選ばれなかった選択肢の一部を除外した部分集合でも一致性を保持したまま係数を推定できるので，選択肢数を任意に減らした推定をおこなうことが可能となる [Train 2003]．具体的には，まず実際に選ばれた選択肢を含め，それ以外の選択肢は無作為に抽出して任意の選択肢数を設定する．このようにつくられたデータセットからでも，理論的にはもとのモデルと同じ推定結果が得られることになる[8]．このような性質は，たとえば離散トラベルコスト法などに応用されている[9]．また IIA 条件が満たされていれば，選択肢の全体集合を用いた場合と部分集合を用いた場合とでは推定係数に有意差はないということなので，この特徴を用いると，IIA 特性について検定することが可能となる[10]．

5　ランダムパラメータロジットモデル

5.1　ランダムパラメータロジットモデルについて[11]

ランダムパラメータロジットモデル（random parameter logit model: RPL）[12]は，推定係数 β に確率的な変動を許容するモデルである．本書にしたがって，熱帯林保護の属性変数を例にとろう．この変数の係数に確率的な変動を仮定するということは，熱帯林を保護することに対する選好が個人間で異なる，すなわち個人間で異なった係数 β_i を持っており，それらがある分布に従うことを意

味する．つまり条件付きロジットモデルで仮定される選好の同質性の仮定はなくなり，選好の異質性に配慮されたモデルとなる．また，このモデルでは，誤差項を iid としたまま IIA 仮定を緩めることができる．これらのことから，ランダムパラメータロジットモデルは，条件付きロジットモデルの問題点を克服するモデルであるといえる．さらにこのモデルは，効用についてのスケールを調整することであらゆるランダム効用モデルに近似することができるという特徴も持っている[13]．

ランダムパラメータロジットモデルにおける選択確率は以下であらわされる．

$$P_{ji}^{*} = \int P_{ji}(\beta_i) f(\beta_i | \Theta) d\beta_i$$

ただし，

P_{ji}^{*}：個人 i が選択肢 j を選ぶ確率

Θ：β の密度関数におけるパラメータ

$$P_{ji} = \frac{\exp(V_{ji})}{\sum_k \exp(V_{ki})}$$

$f(\cdot)$ の分布の仮定には，正規分布のみならず対数正規分布（log-normal distribution），三角分布（triangular distribution）といったさまざまな分布を適用できる．

5.2 推　　定

一般に，上式のような選択確率の積分計算は困難であるため，推定においてはこの積分を以下のようなシミュレーション法を用いて近似する［Train 2003］．

$$SP_{ji} = \frac{1}{R} \sum_r P_{ji}(\beta^r)$$

R：抽出回数

β^r：密度関数 $f(\beta)$ からの第 r 回目の無作為抽出

具体的には，①$f(\cdot)$からβの値を抽出しこれをβ_rとする，② β_rのもと選択確率を計算する，③①，②を繰り返しおこない結果を平均する，といった方法を用いる．βの抽出にはランダムドロー（random draws）やハルトンドロー（halton draws）[14]が用いられる．そして以下の擬似的な対数尤度関数（simulated log likelihood: SLL）により推定する．

$$SLL = \sum_i \sum_j d_{ji} \ln(SP_{ji})$$

6 潜在クラスロジットモデル

潜在クラスロジットモデルは，ランダムパラメータロジットモデルにおいて仮定した$f(\cdot)$に，離散的かつ有限なクラス（集団）を仮定するモデルである．個人の効用（あるいは選好）がいくつかのクラスに分かれると想定し，クラス別の効用関数を推定する．

潜在クラスロジットモデルを用いれば，たとえば，熱帯林の保護域の拡大を望む集団，熱帯林の開発を望む集団，一切の土地改変をせず現状維持を望む集団……といった具合にいくつかの集団に分類することができ，各集団別の選好情報が得られる．さらに，潜在クラスロジットモデルでは，個人特性を示すデータと選択データから同時に選択行動を説明できる．すなわち，個人間の異質性をあらわすメンバーシップ関数と，選択問題に関する効用関数とを同時結合的に推定でき，統計的検定も可能にする［Boxall and Adamowicz 2002］．

ただし，推定におけるクラス数は恣意的に設定し，BIC（bayes information criterion）やAIC（akaike information criterion）等を用いて試行錯誤的に決定せねばならない．直接に仮説検定をおこなうことはできないため，BICやAICで間接的に調べるしかないのである［Greene and Hensher 2002］．

6.1 潜在クラスロジットモデルについて

Boxall and Adamowicz［2002］のとおり，あるクラス s に属する回答者 i が選択肢 j を選ぶ確率は，

$$P_{ji} = \sum_s P_{is} P_{ji|s}$$

と示される．ここで，

$$P_{is} = \frac{\exp(\alpha\lambda sZ)}{\sum \exp(\alpha\lambda sZ)}, \quad \sum_s P_{is} = 1$$

$$P_{ji|s} = \frac{\exp(\mu s\beta sX_{ji})}{\sum \exp(\mu s\beta sX_k)}, \quad k \in C$$

α, μ；スケールパラメータ：　Z；個人特性ベクトル

誤差項には第1種極値分布を仮定する．P_{is} はクラス s におけるメンバーシップ確率であり，個人特性変数である Z を含めた通常のロジットの形式となっている．これは，ある個人がある集団（クラス）に属することを判別するメンバーシップ関数，

$$G = \lambda Z + \xi$$

を想定し，誤差項 ξ を第1種極値分布と仮定することにより得られる［Swait 1994］．この個人特性を示す変数ベクトル Z には，各個人の社会経済属性のほか心理的な変数も設定できる．後章で紹介する分析では，因子分析から得た心理的変数を実際に導入している．

$P_{ji|s}$ はクラス s に属する回答者 i が選択肢 j を選ぶ確率である．P_{is} と $P_{ji|s}$ の積で P_{ji} はあらわされる．ただし，推定上の手続きとして，変数ベクトル Z のうちの1つを固定する必要がある．また，先の式のとおりスケールパラメータが2つあるが，2つの同時識別は不可能なため，通常はすべてのスケールパラメータを1とする．

6.2 推定

係数の推定における対数尤度関数は,

$$LL = \sum_i \sum_s \sum_j d_{jsi} \ln(P_{ji})$$

となる. d は,回答者 i が選択肢 j を選ぶとき 1 となり,それ以外の場合には 0 となるダミー変数である.条件付きロジットモデルと同じように数値計算法を用いる.ただし対数尤度関数が複雑であり,解の不安定性が課題である.メンバーシップ関数内の変数が相関しないよう,因子分析や主成分分析等で抽出した変数を用いる方法もみられる[15].

6.3 他のモデルとの比較

条件付きロジットモデルやランダムパラメータロジットモデルによる推定では有意にならなかった係数も,潜在クラスロジットモデルではあるクラスにおいて有意になることもあり,より詳しい選好情報が得られる可能性がある [Boxall and Adamowicz 2002].また,ランダムパラメータロジットモデルのようにシミュレーションによる推定をおこなわなくてもよく,比較的扱いやすいモデルであるといえる.

一方で,すでに述べたとおり,潜在クラスロジットモデルではクラス数を逐次設定してフィットの良いモデルを探索していかねばならないことや,解の不安定性といった問題があり,これらについては今後の課題となっている.

注
1) このような理論に関する詳細については,栗山・庄子 [2005] において丁寧かつ的確に説明されているので参照してほしい.
2) 本書の事例では,属性としては,protective forests(保護林),production forests（生産林),agricultural land（農地),tax（税）が相当する.
3) 選択型コンジョイント分析についての先行的な研究としては,Louviere [1994], Adamowicz, Louviere and Williams [1994], Boxall et al. [1996], Hanley et al.

[1998], Adamowicz et al.［1998］等がある．
4) 確率密度関数は，$f(\varepsilon_j)=e^{-\varepsilon_j}e^{-e^{-\varepsilon_j}}$ となる．
5) 導出については，Louviere, Hensher and Swait［2000］pp.60-65, Train［2003］pp.78-79 に詳しく述べられている．
6) 導出方法の詳細については Haab and McConell［2002］を参照するとよい．
7) ちなみに誤差項間の相関をゼロに仮定したプロビットモデルは iid となるが IIA の性質は持っていない．
8) 以上の議論について，詳しくは McFadden［1978］を参照のこと．
9) 代表的な研究の1つとして，Parsons and Kealy［1992］がある．
10) Hausman-McFadden テストという．詳しくはたとえば Greene［2003］を参照のこと．
11) ここでの詳細については Train［2003］を参照
12) 混合ロジットモデル（mixed logit model）とも呼ばれる．
13) 詳しくは Train［2003］を参照のこと．
14) halton draws は素数を用いて定義される．RPL に関しては random draws よりも halton draws の方が効率的で正確な推定結果が得られるとの報告もある［Train 2003］．
15) Boxall and Adamowicz［2002］を参照．

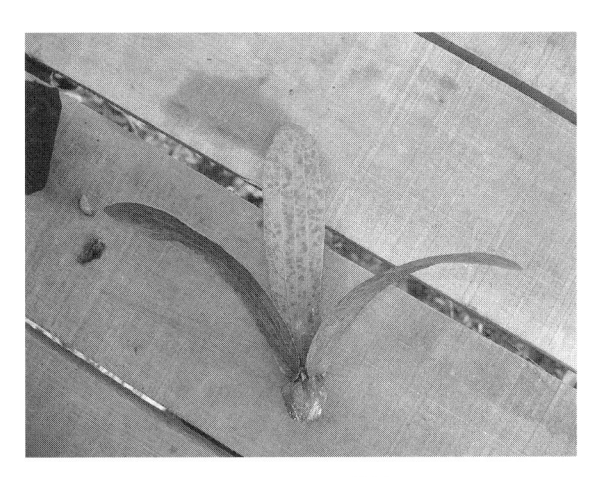

第3章　選択型コンジョイント分析の基礎理論　59

Dipterocarpus の種子

森林を伐採してオイルパームを植換えている

第4章　選択型コンジョイント分析の調査票デザイン

　本書の主たる目的は，熱帯林の持つエコシステムサービスの経済価値および農地や生産林としての利用価値について評価することである．このような熱帯林の価値評価には，第2章で説明したような選択型コンジョイント分析によるアプローチがもっとも適している．本章では，プロファイルの作成にはじまり，選択型コンジョイント分析における調査デザインの全般について説明する．[1)]

1　コンジョイント分析の調査の流れ

　はじめに，選択型コンジョイント分析の調査の全体的な流れは，図4-1のとおりとなる．
　①の「評価対象の検討」についてはこれまでに説明したとおりである．⑥の「推定」についてはすでに第3章で述べた．⑦の「結果の解釈」については実際の事例のところ（第5章，第6章）で紹介するため，この章では図4-1の

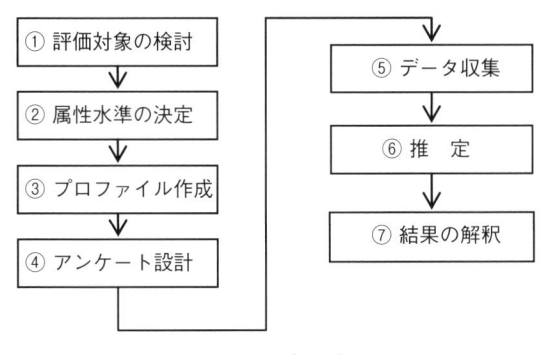

図4-1　調査の流れ

②, ③, ④, ⑤ について説明する.

なお，栗山 [2000] では，このような流れに沿って CVM 調査における調査上の要点が整理されているが，コンジョイント分析にも同様にあてはまる点が多いためそちらも参考にしてほしい．

2 フォーカスセッションとプレテスト

第 2 章でみたように，コンジョイント分析におけるプロファイルは，属性と水準で構成される．評価対象が自動車である場合のプロファイルでは，属性として排気量・ブランド・価格等が考えられ，水準には，排気量なら {1500cc・3000cc}，ブランドなら {トヨタ・ホンダ}，価格なら {200 万円・300 万円} が考えられる．これらの属性と水準の組み合わせから，たとえば，{トヨタ，1500cc，200 万円}，{ホンダ，3000cc，300 万円} といったプロファイルが作成される．つまりこの例だと全部で $2 \times 2 \times 2 = 8$ つのプロファイルをつくれる．属性や水準の決定については，通常，少数の専門家や調査関係者などで組織されたフォーカスセッションの場でおこなわれる．

本研究における最初のフォーカスセッションは，1999 年 10 月 9 日，クアラルンプールにおいて，マレーシア人司会のもと（英語使用），マレー系 4 名，中国系 4 名，それぞれ男女 2 名ずつが参加しておこなわれた．詳細は表 4-1 のとおりである．表にある各議題内容についての詳細な検討をおこなった．

このフォーカスセッションでの議論をもとにコンジョイント分析調査票の初版を仕上げた．属性には，保護林・生産林・農地という熱帯林域の土地利用形態を設定し，このような土地利用の改変政策（ゾーニング政策）の原資としての追加税負担に対する支払意志について尋ねるシナリオとした．コンジョイント分析では，この回答結果を統計的に解析して，熱帯林域の土地利用政策に対する支払意志額を推定し，そこから熱帯林の土地利用の価値を定量化する．

このコンジョイント分析調査票初版を用いて，1999 年 11 月，クアラルン

表 4-1　フォーカスセッションの概要

日　　時	1999 年 10 月 9 日
場　　所	クアラルンプール
参 加 者	マレー系（男）2 マレー系（女）2 中国系（男）2 中国系（女）2
使 用 言 語	英語
議 題 内 容	・マレーシア熱帯林に対する印象および認識 ・コンジョイント分析の調査票説明と設問の提示およびテスト回答 ・熱帯林を保護するための支出額，方法 ・コンジョイント分析に使用する属性と水準

表 4-2　第 1 回プレテストの概要

日　　時	1999 年 11 月
調 査 地	クアラルンプール
調 査 方 法	訪問面接法
対象サンプル	108 人
使 用 言 語	英語，マレー語，中国語

プールにて訪問面接法による第 1 回プレテスト調査を実施した（表 4-2）．対象サンプルは 108 人とし，英語，マレー語，中国語を利用した．しかし，この第 1 回プレテストでは統計的に有意な推定結果を得られなかった．この原因としては，調査票の基本コンセプトを明確に伝達できず回答者に混乱を与えてしまったということが考えられた．とくに混乱のもとになったのは，土地利用形態を示す属性間の関係を明確にできなかったこと，熱帯林保護を過度に説明しすぎたことにあった．また，そのほかの原因としては，日本の研究者が途上国で熱帯林に関するコンジョイント分析調査をおこなうこと自体当時はほとんどない経験であったため，ひとつひとつ手探り状態で当該調査をすすめていかねばならない状況にあったことなども考えられた．

　第 1 回プレテストでの結果を受けて，熱帯林保護に関する説明部分を少し短

表 4-3　第 2 回プレテストの概要

日　　　時	2000 年 1 月
調　査　地	クアラルンプール
調 査 方 法	訪問面接法
対象サンプル	101 人
使 用 言 語	英語，マレー語，中国語

くする，ある土地利用形態の変化が他の土地利用形態に影響を与えないシナリオとする等，調査デザインを全面的に修正し，2000 年 1 月にクアラルンプールにて訪問面接法による第 2 回プレテスト調査を実施した（表 4-3）．対象サンプルは 101 人とし，英語，マレー語，中国語を利用した．このプレテストにおいては，保護林属性および農地転換属性について統計的に有意な推定結果を得ることができた．

3　属性と水準

コンジョイント分析における属性の設定は，最終的に，保護林としての土地利用（Protective Forests），生産林としての利用（Production Forests），農地としての土地利用（Agricultural Land Use）の 3 つとした．このうち，生産林利用とは，商業伐採として一部のフタバガキ科の商業有用木の択伐をすることである．農地とは，主に，アブラヤシプランテーションへの農地転換すなわち熱帯林の皆伐を意味している．さらに，現実性を回答者に認識させ，かつ貨幣価値を導出するための貨幣属性（あるいは支払手段（payment vehicle））には税金属性を設定した．貨幣属性には寄付金や基金という形での仮定もありうるが，今回は，熱帯林域の土地利用政策という政策的側面があること，寄付や基金だと温情効果が発生する可能性があることから税金属性とした．[2]

水準については表 4-4 のとおりとした．

マレーシアの国土面積約 3290 万ヘクタールのうち，保護林に指定されてい

表 4-4　属性と水準

	現状	水準1	水準2	水準3	水準4	水準5
保護林（100万ha）	3.7	2	5	6	NA	NA
生産林（100万ha）	10.5	8	9	12	NA	NA
農　地（100万ha）	7.9	6	9	11	NA	NA
税（RM）	0	10	20	30	40	50

るのは370万ヘクタール（国土面積の11.2%）である．また，木材生産林は1050万ヘクタール（31.8%），農地は790万ヘクタール（23.9%）ある．これらが現状値となっている[3]．そして，増加・減少の方向にそれぞれ水準を設定した．増加・減少の幅が小さすぎたり，水準数が多すぎたりすると，回答者（被験者）が水準の違いを区別しにくくなってしまうため注意が必要である．本研究での各水準値，水準数およびその幅については，先述のフォーカスセッションでの議論やプレテストにおける検討を重ねて決定した．

4　プロファイルの作成

つぎに図4-1の③「プロファイルの作成」について説明する．

本書のような属性・水準の設定の場合，すべての組み合わせを考えると $3^3 \times 5 = 135$ 個の選択肢（あるいはプロファイル）をつくることができる．ただし，135個のプロファイルをすべて提示してそこから選べというのは無理がある．また，1問につき3つのプロファイルを提示する三択問題としても全部で45問となり，やはり回答には無理がある．

そこで，なるべく少ない設問数でかつ属性間の多重共線性も回避するため，実験計画法の分野の直交配列（orthogonal design）を利用してプロファイルを削減することがしばしばおこなわれる[4]．ただし，直交配列を使うと明らかに支配的なプロファイル（dominated profile）が発生することがある．こうした欠点を克服し，直交性を保持したまま効率的なプロファイルデザインをおこなうため，

	Million ha	PROGRAM1	PROGRAM2	CURRENT
PROTECTIVE FORESTS		5.0 (+35%)	2.0 (-46%)	3.7
PRODUCTION FORESTS		9.0 (-14%)	12.0 (+14%)	10.5
AGRICULTURAL LAND		11.0 (+39%)	7.9 (+0%)	7.9
TAX		RM10	RM30	RM0
CHECK→		☐	☐	☐

図 4-2　実際の質問例

回答者には，この 3 つの選択肢の中から最も好ましいと思うものを 1 つ選んでもらう．

第 3 章でみた D 効率性（D-efficiency）を用いる場合もある[5]．

　本研究でも直交配列を用いてプロファイルを減らした．図 4-2 が本研究で用いた選択型コンジョイント分析の実際の設問例である．1 問あたり 2 種のプロファイル（PROGRAM1 と PROGRAM2）と，現状を示すプロファイル（CURRENT）を加えて三択とした．実際の調査票では，このような設問が 8 問連続する．また，ここでは英語版のみ示したが，実際の調査票は，英語のほかに中国語およびマレー語でも書かれている．

　プロファイルを詳しくみてみよう．土地利用属性である Protective Forests（保護林），Production Forests（生産林），Agricultural Land（農地）の水準値，そして貨幣属性である Tax の水準値が示されている．Tax は，プロファイルで示されたような土地利用の改変政策を実施するために必要な政策原資として，追加的に徴収される税額である．

　たとえばプログラム 1 を実施すると，保護林は 500 万ヘクタールとなり，保護林面積は現状より 35％増加する．一方，生産林は 900 万ヘクタールとなり，現状より 14％減少，農地は 1100 万ヘクタールで 39％増加となる．そしてプロ

グラム1のような土地利用の改変政策を実施するためには，各世帯の税金が追加的にRM10だけ（一度きり）上昇するのである．

　回答者（被験者）はこの3つのプロファイルから最も好ましいと思うものを1つ選ぶ．このような設問を繰り返して，得られた回答結果とプロファイルの属性水準値との関係を統計的に解析し，それぞれの土地利用に対する選好を定量化するのである．

　プログラムの3つめのCURRENTは何も政策が実施されない場合，つまり現状維持の状態を意味するが，ここが「どれも選ばない（no-choice）」という選択肢になることもある．いずれにせよ，現状維持という選択肢か，何も選ばないという選択肢かを設定しなければ，強制的にどれかを選ばせる（forced choice）ことになる．このような状況は選択行動に関する非現実な設定となるため，できるかぎり回避せねばならない．

　強制的な選択については，Dhar and Simonson［2003］がマーケティングリサーチの分野における応用として興味深い研究をおこなった．そこでは，資本主義世界では消費者が強制的に選択を迫られる状況はないに等しいとした上で，no-choiceを選択肢の1つとして導入する場合としない場合を設定した．そしてno-choice optionを導入すると，平均的な水準で構成されるプロファイルは選択確率が低下すること，no-choiceを事前に設定するより後から追加的に設定するほうが，no-choiceを選択する確率は高くなることなどが明らかにされた．とくに前者の結果は，強制的な選択のもとでは平均的なプロファイルが過剰に選択されることを意味している．なお，no-choiceの選択肢を設けることの欠点としては，選択問題が困難な場合に，安易にno-choiceの選択に逃げてしまうという点が指摘されている[6]．

5　調査票の説明文

　コンジョイント分析では，通常，図4-2のような質問に入る前に，評価対象

やその属性についての説明をおこなう．コンジョイント分析の各設問に答えてもらう前の導入部ともいえる．この節では，このような導入部を作成する際の留意点について，本研究で用いた実際の調査用パネルにしたがって説明しよう[7]．

本研究における導入部で不可欠なのは，マレーシアの熱帯林および土地利用形態に関する説明である．これらは，回答者間で受け止め方に差がでることのないよう十分に配慮しなければならない．

5.1 評価対象

はじめに，評価対象となる熱帯林域，マレーシアの国土面積および土地利用の現状について，以下のような説明をおこなった．これらは実際には英語やマレー語や中国語で書かれているが，ここでは日本語に訳している．

【実際の説明パネル（日本語訳）】

マレーシアの国土面積は約 *3290* 万ヘクタールである．このうちの国土利用形態はそれぞれつぎのようになっている．

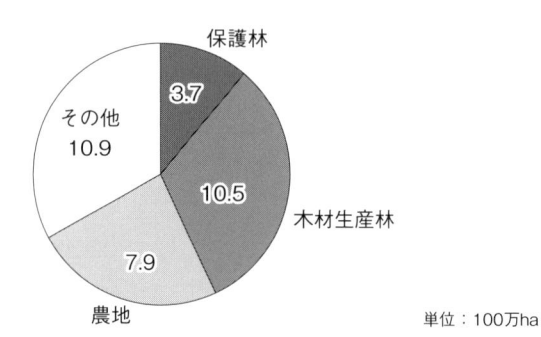

図 4-3 実際の説明パネル 1

保　護　林　：370万ヘクタール（国土面積の11.2%）
木材生産林　：1050万ヘクタール（国土面積の31.8%）
農　　　地　：790万ヘクタール（国土面積の23.9%）

つぎにそれぞれの土地利用属性についての説明を加えた．

5.2 保護林属性について

まず，保護林については，熱帯林の減少という地球環境問題を説明するとともに，なぜ熱帯林の保護が必要なのかという点についても説明した．

【実際の説明パネル（日本語訳）】

成熟した熱帯林は地球温暖化の回避，土壌流出や乾燥化の回避など，環境保全に重要な役割を果たしている．また，多様な生物種をはぐくみ，それらの将来の薬品や農業への利用の潜在的価値をもつとともに，リクリエーションサイトとしての役割も果たしている．熱帯林は，小，中，高などさまざまな大きさの樹木に代表されるだけではなく，動物やバクテリアなどの微妙なバランスの上に成立しているために，比較的脆弱な構造をもっている．

しかし，近年マレーシアの熱帯雨林は大きく減少している．諸外国と比べても図のように減少する割合が大きくなり，保護林の重要性を浮かび上がらせている．

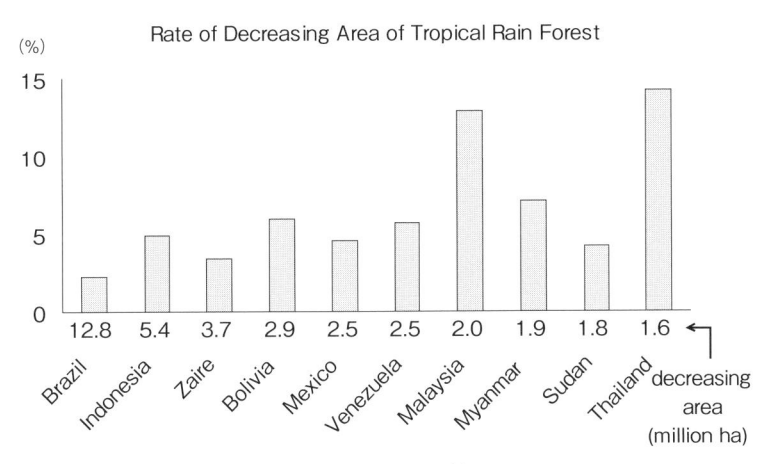

Rate of Decreasing Area of Tropical Rain Forest

国	decreasing area (million ha)	Rate (%)
Brazil	12.8	2.5
Indonesia	5.4	5
Zaire	3.7	3.5
Bolivia	2.9	6
Mexico	2.5	5
Venezuela	2.5	6
Malaysia	2.0	13
Myanmar	1.9	7
Sudan	1.8	4.5
Thailand	1.6	14.5

図 4-4 実際の説明パネル 2

5.3 生産林属性について

生産林については，マレーシアにおける木材生産の現状，マレーシア経済での木材産業の重要性および木材の輸出入の状況について説明した．

【実際の説明パネル（日本語訳）】

木材産業は主に，一次処理のための製材，ベニア生産，合板生産からなっている．また，マレーシアは熱帯丸太の世界最大の輸出国であり，熱帯合板の輸出でも世界第2位になっている．また，ゴム材を利用した家具生産も活発におこなわれ，さらに，およそ木材生産の5分の1は燃料材としても使われている．

丸太などの木材の輸出額は439100万RM，合板などの輸出額は384000万RMに上っている．また，木材産業には約20万人が雇用されている．

木材産業はマレーシア経済の中で重要な構成部分になっているが，近年は図に見るように木材産業生産量の減少傾向が続いている．

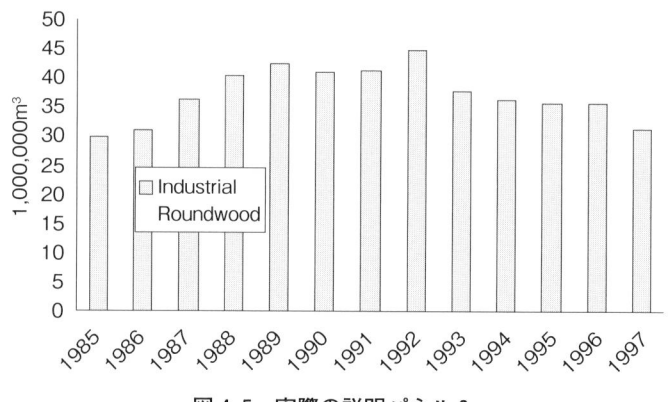

図4-5 実際の説明パネル3

5.4 農地属性について

農地については，マレーシア農業およびマレーシア経済におけるその重要性を説明し，さらにマレーシアの代表的な農業製品であるアブラヤシやゴムにつ

いて説明を加えた.

【実際の説明パネル（日本語訳）】

マレーシアの農業はアブラヤシ，ゴムなどの一次産品の輸出によって特徴付けられる．1970年代までは世界の需要の拡大につれて生産も伸びたが，それ以降，国際競争の激化や需要の伸び悩みで農業の相対的な地位も低下している．

しかし，国民所得にしめる農業の割合はおよそ14％，農業部門の就労者は186万人で依然国民経済の中で重要な位置をしめている．

特に，やし油の世界に占めるシェアは50％で，天然ゴムも18％を占め，特に大きな外貨獲得手段になっている．両者の植林面積は図のようであり近年はアブラヤシ林が増加傾向にある．

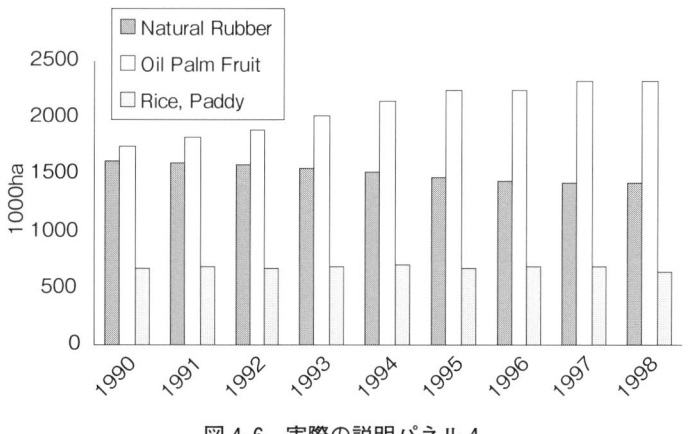

図4-6　実際の説明パネル4

最後に，貨幣（税金）属性については，土地利用の改変政策を実行する場合に必要となる政策原資を，一度きりの，追加的な税金負担として要求するシナリオであることを説明した．

このように，図表を挿入したり，説明文の量が多くならないようにしたりして導入部は作成された．また各属性間で説明文の量に差異が生じないように配

慮もされている．これらの点はすべて，先にみた複数回のフォーカスセッションやプレテストのなかで指摘され，改善されてきたものである．

6 調査とバイアス

最後に，第2章でもすでにふれたとおり，ここでは，調査の設計次第で評価額が影響を受けてしまうバイアスと呼ばれる現象について検討しよう[9]．

調査のデザインやサンプルに問題があると，コンジョイント分析の質問への回答に歪み（バイアス）が生じ，結果的に評価額の信頼性の低下を招いてしまう．栗山［1998］によれば，バイアスは，その発生原因別に分類すると，

① 回答者が偽りの回答をおこなうもの
② 回答の手がかりとなる情報によって影響されるもの
③ 調査者の意図している内容が回答者に正確に伝わらないときに発生するもの
④ アンケートのサンプル収集時に発生するもの
⑤ 評価結果を集計する段階で発生するもの

という5つに大別される．以下，栗山［1998］にしたがって，とくに関わりの深い①～③について簡単に説明しておこう．

①には，たとえば，第2章でふれた戦略バイアスや，回答者が調査者の意図を勝手に推測して調査者が喜ぶと思うような回答をする際に生じる追従バイアスなどがあてはまる．このようなバイアスを避けるには，調査員の対応や，調査主体の明示方法についての配慮が必要となる．前者については後でふれるが，後者は，たとえば調査票に明示する調査主体として，大学や研究機関あるいは調査会社といった中立的なものを明示するのが適当である．

②は，被験者が回答に困った際に回答の手がかりを探すことで生じるバイアスである．たとえば質問内容が評価対象の重要性を暗示すると，そのことが

回答に影響する場合がある．これは重要性バイアスと呼ばれる．また第2章ですでに説明した開始点バイアスや範囲バイアスもこの②に分類される．

③は，調査者側が意図する内容が被験者に正しく伝わらない場合に生じるバイアスである．調査シナリオが非現実であったり，評価対象や政策内容をきちんと伝えられなかったりすると，たとえば，調査者と回答者の間で評価対象の範囲の認識が異なることで発生する部分全体バイアスといったようなバイアスが生じる．

つぎに，以下では，このような種々のバイアスの発生の抑制に対して本研究ではどのように対応したのかについて説明する．

①でみたようなバイアスの発生に関しては，コンジョイント分析調査票に明示する調査主体として，国立研究機関および調査会社名を明示したり，実査にあたる各調査員の対応を細かく指導したりして（後述），バイアス発生の抑制につとめた．

②でみたようなバイアスの発生を抑制するには，質問内容をできるだけ回答しやすいものに心がけると同時に，回答者の「手がかり」となりそうな情報を質問内容から排除しなければならない［栗山 1998］．本研究においても，すでにみたように，フォーカスセッションにおいて徹底した討議をおこなったり，コンジョイント分析の質問に入る前の説明文での記述を工夫したりしながら，「手がかり」になりそうなものをできるだけ排除し，分かりやすくて答えやすい調査票を作成することに相当の労力を費やした．

③でみたようなバイアスの発生を抑制するには，写真や映像などで質問者の意図を正確に回答者に伝えること，予備調査を十分に実施して調査者側の意図した内容が適切に伝わっているかを確認することが重要である［栗山 1998］．本研究においても，既述のとおり，図表やグラフを用いた説明を取り入れたり，予備調査としてフォーカスセッションやプレテストを複数回おこなって回答者の反応を調べたりしながら，われわれの意図するところが適切に伝わっているかどうかについて徹底的に検証した．

前述のバイアス区分のうちの④はアンケート調査方法に関わるものであるが，ここではアンケート調査を実際におこなう調査員に対する対応も含め以下に説明しよう．

アンケート調査方法には主として，郵送方式，面接方式，インターネット方式がある．郵送方式やインターネット方式はコストが比較的安いが，興味を持った人しか回答しないという短所があり，回収率を高めるなどの対応が必要となる．また，郵送方式やインターネット方式では，面接方式のように回答者のそばに調査員が付いているわけではないので，調査票に対する回答者の状況や理解度が分からないという欠点もある．

本研究のような面接方式の場合，上記の問題点は排除することができるが，アンケート調査の実行の段階で注意が必要になる．すなわち，回答者に直接接する調査員[10]の対応に関する注意である．バイアスの低減に十分配慮された調査票による調査であっても，調査の実行段階で調査員がバイアスを生じさせてしまえば，すべてが台無しになってしまう恐れもある．

たとえば，調査員の思想や話しぶりに回答者が影響されてしまうことがある．本研究に沿うと，仮に調査員が環境保護思想を強く持つ者であった場合，熱帯林の保護に関する説明の部分を故意に強調することで，保護林属性が高く評価されるよう回答を導く恐れがある．また話しぶりが早口であったり，威圧的であったりしても，何らかの伝達ミスによるバイアスが生じる可能性がある．

調査員による影響あるいはバイアスを軽減するには，訪問面接調査の実施前に全調査員を集めた事前ミーティングを開催し，調査方法の細部にいたるまで打ち合わせておくことが不可欠である．本研究においても，実査に入る前日に全調査員を集め，調査員のセリフ内容，話す速度，口調および調査時間などを調査員間でしっかりと統一し，個人差ができるかぎり発生しないよう丁寧な指示をおこなった．

また，調査国によっては，調査員の人種や民族が回答に影響を与える場合もある［Loureiro and Lotade 2005］．本研究の対象国であるマレーシアは多民族国家

のため，この点についてはとくに慎重な配慮をおこなった．訪問面接アンケート調査をおこなう調査員は，マレー系，中国系，インド系をはじめさまざまな民族で構成し，実際の調査現場でのあらゆる場面に対して柔軟に対応できるよう配慮した．また，調査終了後にも事後ミーティングをおこない，調査を実行した際にあらためて気づいた点や反省点などについて細かく整理した．こうした工夫を重ねて，本研究においては，調査員によるバイアスの発生をできるかぎり抑えられるようにした．

注

1) この章の基礎となるデータおよび情報については，㈱日経リサーチ「平成11年度森林のエコシステムサービスの環境経済的評価手法開発に関する研究，調査報告書」に基づいている．
2) 知原［2004］に基づいて，マレーシアの税制についてごく簡単に触れておこう．マレーシアの歳入額は2004年度で約960億リンギであり，そのうち税収は8割弱である．税収の直間比率は2：1ほどで，直接税は所得税中心，間接税は消費関連税が中心である．マレーシアの税制は，旧宗主国であるイギリスに類似しており，キャピタルゲインを含めない所得の定義にもそれがあらわれている．個人の所得税は日本同様，累進課税であり，最高税率は28％である．地方税については，日本における住民税に相当するような所得課税は行われていない．地方税収は固定資産税中心である．
3) これらについては，後に図表等を用いて具体的に説明している．
4) コンジョント分析における直交配列の方法については，第3章および鷲田［1999］，栗山・庄子［2005］で述べられている．
5) 詳しくは Huber and Zweina［1996］を参照．
6) このような no-choice option についての研究は，CVM の分野でもすでにおこなわれており，Carson et al.［1998］では，no vote option を含めることにより同じような分析結果を導いている．
7) 5.1～5.4 で示されている実際の調査用パネルでの図やグラフは，FAO の State of the World's Forests および FAOSTAT（ResourceSTAT, ForesSTAT, ProdSTAT: http://fapstat.fao.org）を参照して作成されたものである．
8) 説明文の量は重要で，たとえば文章量が多いと個人によって説明内容の受け止め方が

異なる恐れがある．郵送や留め置きの調査方法だと，調査票の文章量が多いだけでまともに読まないこともある．また，ある項目の説明が多いと，それを強調しているかのように誤解されてしまう．
9) バイアス論については，本書では詳しく触れないが，Mitchell and Carson [1989]，栗山 [1998] などで丁寧に論じられている．
10) CVM における調査員（interviewer）による影響分析に Loureiro and Lotade [2005] がある．

temple vivpor

補論 1　コンジョイント分析以外の質問項目について

このアンケート調査票においては，コンジョイント分析の設問以外にも，個人の態度，行動，心理等に関する意識調査項目を設定した．それらは大きく分けて以下の4つのパートがある．

A：熱帯林域の土地利用などについての意識調査
B：森林の持つさまざまな機能に対する認識度合の調査
C：森林に関する知識レベルの調査
D：個人の社会経済属性（職業，所得，年齢，民族，性別など）

これらのうちのA，B，Cについて，日本語訳で紹介しておこう．ただし，BとCについては農山村部での調査においてのみおこなわれたものである．

【A】

Q1　保護林の増減が生産林と農地に影響しないとした場合，熱帯林が370万ヘクタールあることについてどう思うか？

1　もっと増やすべきだ
2　増やすことが好ましい
3　適当である
4　減らすべきだ
5　わからない

Q2　生産林の増減が保護林と農地に影響しないとした場合，生産林が1050万ヘクタールあることについてどう思うか？

1　もっと増やすべきだ

2 　増やすことが好ましい

3 　適当である

4 　減らすべきだ

5 　わからない

Q3　農地の増減が保護林と生産林に影響しないとした場合，農地が790万ヘクタールあることをどう思うか？

1 　もっと増やすべきだ

2 　増やすことが好ましい

3 　適当である

4 　減らすべきだ

5 　わからない

Q4　もし熱帯林保護のための政策が何も実行されなかったら，マレーシアの熱帯林はどうなると思うか？

1 　40年以内に消滅するだろう

2 　100年以内に消滅するだろう

3 　100年経っても残るだろう

4 　わからない

Q5　あなたが選んだ政策プロファイルが実際に実行されると思うか？

1 　そう思う

2 　そう思わない

【B】

以下の森林に関する22個の項目について，あなたはどの程度重要と思いま

すか？　以下の5つの選択肢から選んで回答してください．

```
 1  工場建設のための森林開発
 2  宅地開発のための森林開発
 3  やし油やゴムなどの大規模農園造園のための森林開発
 4  農地転用のための森林開発
 5  道路整備のための森林開発
 6  木材輸出はマレーシアの主要産業である
 7  木材産業は職業を提供する
 8  木材でできた住宅や家具などの製品を利用できる
 9  旅行者が森林を観光できる
10  森林から食料採取ができる
11  森林は野生生物や昆虫の生息地である
12  森林には多様な動植物が生息する
13  森林は洪水などの自然災害を防止する
14  森林は土壌浸食を防止する
15  森林は水分を吸収し，土壌の乾燥を防ぐ
16  森林の木や植物は空気を浄化する
17  森林は二酸化炭素を吸収して地球温暖化を緩和する
18  森林の景観と眺望
19  森林における動物の暮らしや植物の観察
20  自然や森林での散歩を楽しむこと
21  森林は精神をリラックスさせる
22  森林は医療に利用可能な遺伝子資源を含有する
```

（選択肢群）

```
1  とても重要なことである
2  重要なことである
3  ふつう
4  重要なことではでない
5  まったく重要なことではない
```

【C】

以下に示される森林の持つ便益について知っていますか？ 以下の4つの選択肢から選んで回答してください.

> ① 木材輸出はマレーシア経済にとって重要なものである
> ② 森林は洪水のような自然災害を防ぐ
> ③ 森林は土壌浸食を防ぐ
> ④ 森林は水分を含んでおり土壌が乾くのを防ぐ
> ⑤ 森林は大気を清浄する
> ⑥ 森林は二酸化炭素を吸収し地球温暖化防止に貢献する
> ⑦ 森林は医薬品に使いうる遺伝子資源を蓄えている

（選択肢群）

> 1　十分に知っている
> 2　知っている
> 3　聞いたことがある
> 4　知らない

パソの森

フタバガキ科芽生え

第5章　熱帯林のエコシステムサービスの評価

　熱帯林域の土地利用政策に対する地域住民の選好を調査し，そこから熱帯林およびそのエコシステムサービスを保全することの価値や，生産林や農地としての利用価値を定量的に評価するため，われわれは，マレーシアの都市部と農山村部の双方において大規模なコンジョイント分析アンケート調査をおこなった．本章以降，この分析結果について詳しく紹介していこう．[1]

1　都　市　部

1.1　意識調査の結果

　アンケート調査の実施概要は表5-1のとおりである．調査地域はマレーシアの主要4都市（クアラルンプール，ペナン，クチン，クアンタン）である．調査方法は，現地の専門調査員が被験者を直接訪問する訪問面接法を用いた．マレーシアは多民族国家であるため，アンケート調査票の使用言語には英語，マレー語，

表5-1　都市部の調査概要

	本　調　査
調 査 対 象	20～59歳のマレーシア人男女
調 査 地 域	マレーシア全土（主要4都市）
調 査 方 法	訪問面接法
使 用 言 語	英語，マレー語，中国語
実 施 時 期	平成12年6月1日～7月20日
回 答 者 数	1,000人
民 族 構 成	マレー系573，中国系325，その他102
地 域 構 成	クアラルンプール385，ペナン259
	クチン194，クアンタン162

```
Q1  保護林の増減が生産林と農地に影響しないとした場合，熱帯林が370万
    ヘクタールあることについてどう思うか？
```

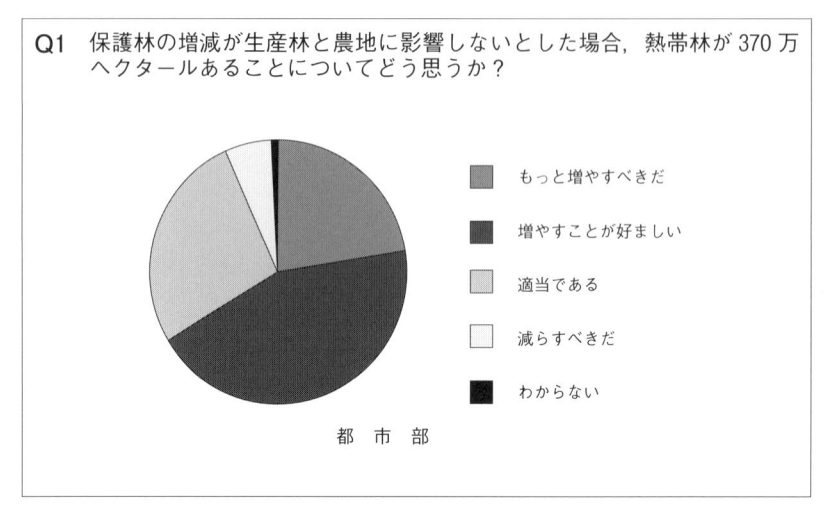

■ もっと増やすべきだ
■ 増やすことが好ましい
□ 適当である
□ 減らすべきだ
■ わからない

都 市 部

図5-1　意識調査結果

中国語を用意した．有効回答者1000人の民族構成は，マレー系573人，中国系325人，その他102人となった．

アンケート調査では，コンジョイント分析の質問の前に，第4章末の補論に添付したような意識調査（【A】パート）をおこなった．これは，マレーシアの国民が，熱帯林に対してどのような認識をもっているのかについてたずねたものである．まず，その結果について簡単にふれておこう．

【A】パートのQ1（保護林の増減が生産林と農地に影響しないとした場合，熱帯林が370万ヘクタールあることについてどう思うか？）という質問には，回答者の7割弱，つまり700人近くの人々が「熱帯林の保護エリアを現状より増やすべきだ」と回答した．マレーシアの都市部に居住する人々の多くは，熱帯林を保護することの重要さをつよく認識していることが分かる．

Q2（生産林の増減が保護林と農地に影響しないとした場合，生産林が1050万ヘクタールあることについてどう思うか？）について，熱帯林を木材として伐採することには，

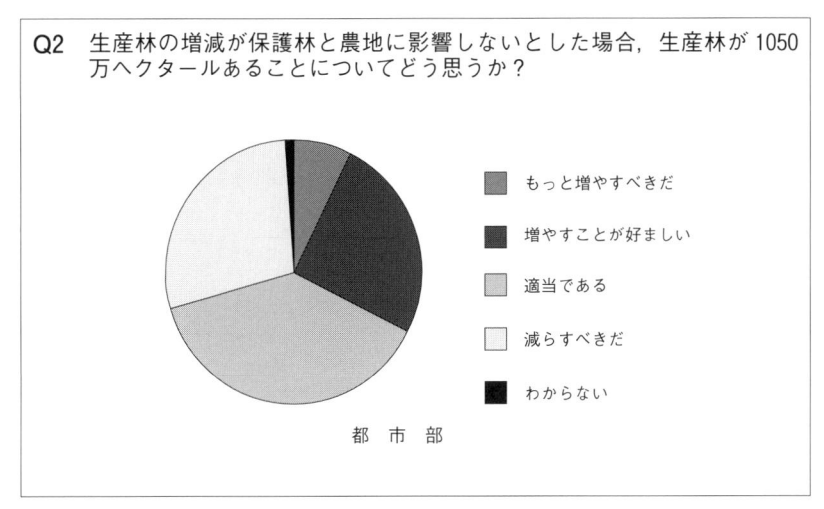

図 5-2　意識調査結果

全体の3割ほどの人しか「増やすべきだ」と考えていないことが分かった．Q1と比べてみると，マレーシア都市部の人々の多くが，熱帯林を商業伐採するよりも保護することを望んでいることが分かる．

Q3（農地の増減が保護林と産業林に影響しないとした場合，農地が790万ヘクタールあることをどう思うか？）について，熱帯林を開発してプランテーションエリアとして利用することに対しては，7割弱の人が賛同した．回答者のなかに農業従事者はほとんどいなかったのだが，農地への転換は高く評価された．これは，都市部の人々に，大規模プランテーション農業に対する経済的期待が潜在しているからかもしれない．

Q4（もし熱帯林保護のための政策が何も実行されなかったら，マレーシアの熱帯林はどうなると思うか？）は，熱帯林に対する危機感をたずねたものである．これについては，半数の人が「何も手を打たなければ，40年以内に熱帯林は消失してしまう」と考えていることが分かった．100年以内に消失すると答えた人まで含めると，全体の8割強にもなる．マレーシアにおいても，熱帯林破壊に対す

Q3 農地の増減が保護林と産業林に影響しないとした場合,農地が790万ヘクタールあることをどう思うか?

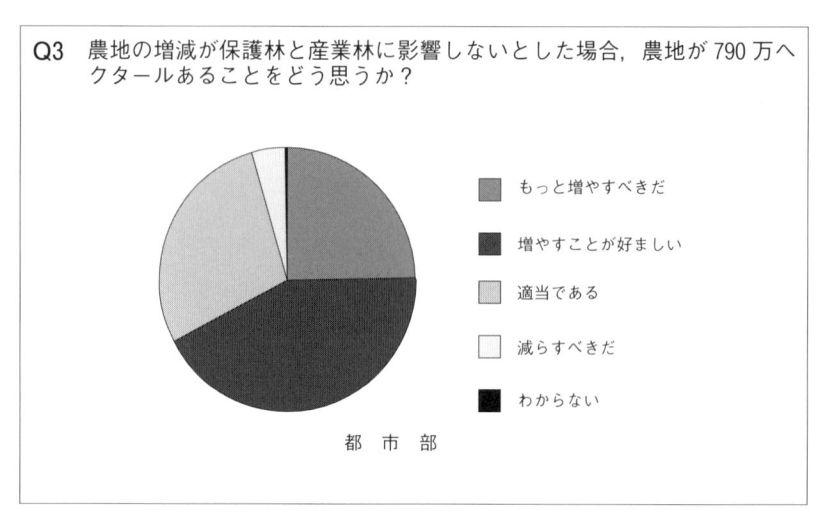

- もっと増やすべきだ
- 増やすことが好ましい
- 適当である
- 減らすべきだ
- わからない

都 市 部

図 5-3　意識調査結果

Q4 もし熱帯林保護のための政策が何も実行されなかったら,マレーシアの熱帯林はどうなると思うか?

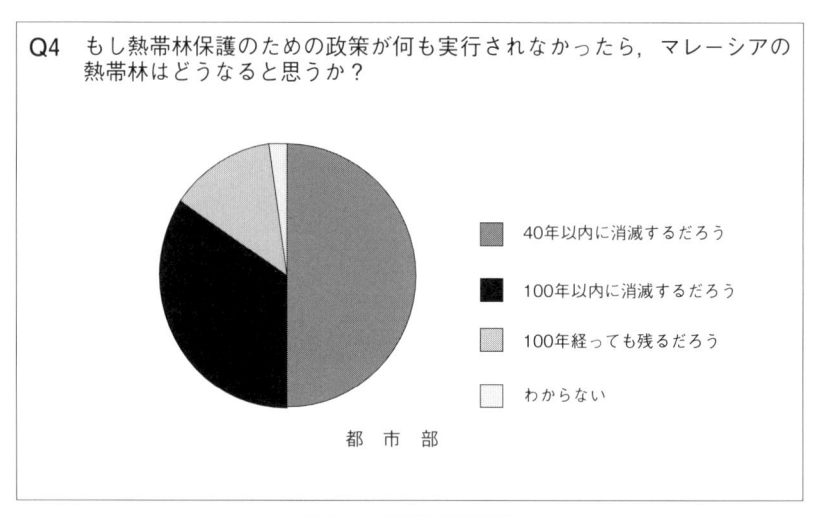

- 40年以内に消滅するだろう
- 100年以内に消滅するだろう
- 100年経っても残るだろう
- わからない

都 市 部

図 5-4　意識調査結果

る危機意識はとても高いことが分かる.

以上をまとめれば,マレーシア都市部の人々は,熱帯林破壊に対する危機感を持ち,その保護意識は高い.一方で,熱帯林の商業伐採を否定するが,農地転換については評価する,ということである.なおこれらの結果については後に紹介する農山村部での結果と総合し,あらためて後でふれることにする.

1.2 コンジョイント分析調査

ここからは選択型コンジョイント分析によるアプローチについて紹介しよう.

コンジョイント分析における設問形式と属性水準の設定は第4章でみたとおりである.図5-5及び表5-2に再掲しておく.

Million ha	PROGRAM1	PROGRAM2	CURRENT
PROTECTIVE FORESTS	5.0 (+35%)	2.0 (-46%)	3.7
PRODUCTION FORESTS	9.0 (-14%)	12.0 (+14%)	10.5
AGRICULTURAL LAND	11.0 (+39%)	7.9 (+0%)	7.9
TAX	RM10	RM30	RM0
CHECK→	☐	☐	☐

図 5-5 実際の質問例

表 5-2 属性と水準

	現 状	水準 1	水準 2	水準 3	水準 4	水準 5
保護林 (100万 ha)	3.7	2	5	6	NA	NA
生産林 (100万 ha)	10.5	8	9	12	NA	NA
農 地 (100万 ha)	7.9	6	9	11	NA	NA
税 (RM)	0	10	20	30	40	50

1.3 効用関数の設定

アンケート調査で回収したデータにコンジョイント分析を適用するには，効用関数を設定し，その係数を推定しなければならない．本調査における効用関数は，第4章でみたような線形の効用関数を設定した．いま，あるプロファイル j の土地利用属性として，保護林面積 x_{1j}，生産林面積 x_{2j}，農地面積 x_{3j} であるとする．また，プロファイル j の政策原資としての追加的な税金負担額を p_j とする．このとき，回答者がプロファイル j を選択したときの効用 U_j は，

$$U_j = V_j + \varepsilon_j \\ = \beta_1 x_{1j} + \beta_2 x_{2j} + \beta_3 x_{3j} + \beta_p p_j + \varepsilon_j \qquad j = 1, 2, \cdots, J$$

とあらわされる．

V_j は効用のうち観察可能な部分，ε_j は誤差項である．β は各属性についての推定される係数で，それぞれの土地利用属性の限界効用をあらわしている．たとえば，β が正の場合は，当該属性の水準が増加するほど効用が上昇することを意味し，β が負の場合は，当該属性の水準が増加するほど効用が低下することを意味する．税金属性の水準値である p_j が高い場合は，他の商品購入に充当する所得が減少することになるため，税金属性の限界効用である β_p の符号は理論的には負である．このことはモデルの妥当性を確かめる際に用いることができる．このようなモデルについて条件付きロジットモデルを用いて推定する．

1.4 全データによる推定結果

表5-3は収集した全データについて，条件付きロジットモデルにより推定した結果である．係数推定値の有意性を示す t 値より判断すると，係数のすべてが1％水準で有意となった．これは，すべての属性が選択行動を有効に説明することを示している．また税金属性の符号は負であり，理論的な妥当性も得られた．

表 5-3　都市部全データ推定結果

	係　数	t 値	P 値
保護林	0.199	15.645	0.000
生産林	−0.041	−3.399	0.000
農　地	0.167	16.555	0.000
税	−0.032	−24.039	0.000
ASC	−0.007	−0.167	0.867

LL：− 7829.37
n：8000
ρ：0.08

　保護林および農地転換属性の係数は正の符号となった．ASC（Alternative Specific Constant）は選択肢固有の定数項（本書では現状を示す選択肢"CURRENT"）である［Train 2003］．この点については前章で説明している．保護林属性の係数は 0.199 となり，土地利用属性のなかで最大のウェイトである．生産林属性については負の符号となった．つまり，地域住民らは，保護林や農地が増えれば効用（あるいは選好）が高まり，生産林すなわち商用が増えれば効用が低下する．保護林や農地を増やす土地利用政策については積極的に評価するが，生産林利用を増やすような土地利用政策については否定的なのである．これは，すでに紹介した意識調査のなかで，「保護林や農地を増やすべきだ」と回答した人が全体の 7 割ほどいたのに対し，「生産林を増やすべきだ」としたのは全体の 3 割ほどしかいなかったことと符合する．コンジョイント分析と意識調査の両方において，熱帯林を保護することに対する積極的な評価を確認したということは，マレーシア都市部の人々が，熱帯林およびそのエコシステムサービスの保護をつよく望んでいるということをあらわしている．

　また，このように意識調査の結果とコンジョイント分析の結果とが整合したのは，コンジョイント分析における仮想的な選択行動のうちに回答者の意識がたしかに反映されたということを示している．このことはさらに，回答者がコンジョイント分析の各設問に論理的一貫性を持って回答したということでもあり，潜在的意識を定量化するコンジョイント分析の手法としての有効性あるい

1.5 支払意志額の算出

つぎに，推定された係数から支払意志額を算出しよう[2]．結果は表 5-4 のとおりである．これは 100 万ヘクタールあたり，一世帯あたりの支払意志額（RM）を示している．

この結果より，熱帯林の保護エリアを 100 万ヘクタール増やすという政策の政策原資として，1 世帯あたり RM6.2 の追加的な税金を支払ってもかまわないという意志のあることが分かる．第 2 章でも述べたが，熱帯林を利用せずに保護することに対するこのような貨幣価値は，森林のエコシステムサービス[3]を保全することに対して地域住民が与えた価値である．あるいは第 2 章での議論に沿えば，熱帯林の非利用価値であるとも解釈できる．ただしこの評価価値額は平均所得（月収）でみるとその 0.5％程度となり，決して高い評価額といえるものではないことを指摘しておく．

農地転換するエリアを 100 万ヘクタール増やす政策に対する一世帯あたりの追加税負担の支払意志額は RM5.2 となった．この貨幣価値は，熱帯林域の農地としての利用価値に対して地域住民が与えた評価である．保護することに対する支払意志額（RM6.2）のほうが高いことから，マレーシア都市部の人々は，熱帯林域の利用価値よりもそのエコシステムサービスを保全することにより高い価値意識を持っているということが示された．

表 5-4　限界支払意志額（都市部）

	RM/100 万 ha
保護林	6.2
生産林	-1.3
農　地	5.2

＊ RM1=約 30 円[4]

1.6 地域別データによる結果

これまでは全データを用いたコンジョイント分析についてみたが，ここでは表5-1の4つの地域別にデータを分割し，それぞれに対して条件付きロジットモデルによる分析をおこなってみよう．ここでは支払意志額の結果の特徴的な点のみ以下に示した．推定や計算の方法はこれまでと同様である．

クアラルンプールはマレーシアの首都であり，アンケート回答者の半数はサラリーマンであった．農業に従事する人はほとんどいなかった．そのためか，熱帯林の保護政策に対する支払意志額が，農地転換政策に対する支払意志額の倍近くに達した．生産林利用についてはやはり負の評価となり，商業伐採することには価値を置いていないということが分かった．

ペナンはリゾート地で知られている地域である．ここでは，農地転換に対する支払意志額が保護に対する支払意志額を上回った．全般に，支払意志額の水準は低い．生産林利用については係数推定値が有意にならなかったため——として表示している．これは，生産林利用に対する意見が分かれ拮抗したということが考えられる．

クチンはマレーシアの主要都市の1つである．マレー系が回答者として多かった．ここでは，熱帯林保護への支払意志額が農地転用への支払意志額をわずかに上回った．生産林利用については負の評価となっている．

クアンタンもマレーシアの主要な都市のひとつであり，ここもマレー系の回答者が多かった．熱帯林の保護に対する支払意志額と農地転換政策に対する支払意志額とがほぼ等しくなった．生産林利用については，推定係数値が有意水

表 5-5　地域別限界支払意志額

	クアラルンプール	ペナン	クチン	クアンタン
保護林	8.5	2.7	8.8	6.8
生産林	-2.8	—	-1.3	—
農　地	4.9	3.1	8.0	7.6

＊単位は RM/100万ha．RM1=約30円．

準にならなかった．

　以上のように，地域別というサブサンプルにデータを分割してそれぞれ推定することで，各地域における特徴について比較検討することが可能となる．このような分析方法は，コンジョイント分析におけるサブサンプル分析とも呼ばれている．

1.7　小　　括

　ここまでは，マレーシアの主要都市の住民のみを対象にして調査をおこなった．しかし，熱帯林近くの農山村に暮らす人々は，このような都市部の人々とはまったく異なった選好である可能性は十分にある．たとえば，都市部では，熱帯林の保護に対する評価が農地転換に対する評価を上回ったが，農業従事者の多い農山村部では，逆に，農地転換に対する評価が熱帯林の保護に対する評価を上回る可能性がある．また，都市部では，生産林利用に対して全般に否定的な評価がなされたが，農山村部ではもしかすると前向きに評価されるかもしれない．

　したがって，マレーシア熱帯林域の土地利用政策を検討し，熱帯林のさまざまな価値を評価するにあたっては，このような都市部における調査だけでは不十分であり，農山村の住民にも同じような調査を実施することが求められる．そこでわれわれは，農山村部においても同様の調査を実施することにした．

2　農山村部

2.1　意識調査の結果

　調査概要については表5-6のとおりである．農山村部5地域を調査対象とし，プランテーションエリア（FELDAと表記）や原住民の集落（オランアスリ村）[5]も対象に含めた．調査方法は訪問面接法であり，現地の専門調査員が回答者を直接訪問してアンケート調査をおこなった．マレーシアは多民族国家であるため，

第 5 章　熱帯林のエコシステムサービスの評価　93

表 5-6　農山村部の調査概要

本　調　査	
調 査 対 象	20 歳〜60 歳のマレーシア人の男女
調 査 地 域	マレーシア農山村中心の 5 地域
調 査 方 法	訪問面接法
使 用 言 語	英語，マレー語，中国語
実 施 時 期	平成 13 年 10 月 1 日〜31 日
回 答 者 数	607 人
民 族 構 成	マレー系 238，中国系 189，オランアスリ 124，その他 56
地 域 構 成	セレンバン 121，バハウ 120，シンパンペルタン 122，FELDA 122，オランアスリ 122 [6)]

　アンケート調査票の使用言語には英語，マレー語，中国語を用意した．回答者の民族構成は，マレー系 573 人，中国系 325 人，その他 102 人であった．
　われわれは，都市部同様の意識調査を農山村部でもおこなった．ここでは都市部での結果とあわせて説明しよう．

　図 5-6 にあらわされているとおり，「保護林の増減が生産林と農地に影響しないとした場合，熱帯林が 370 万ヘクタールあることについてどう思うか？」という質問に対しては，都市部で 22.4%，農山村部で 18.9% の人々が「もっと増やすべきだ」と回答した．「増やすことが好ましい」と答えた人は，都市部では 44.0%，農山村部では 50.9%，「適当である」と答えた人は都市部で 26.9%，農山村部で 24.4% であった．「減らすべきだ」と答えた人は都市部では 5.8%，農山村部では 4.4% いた．「わからない」と答えた人は都市部で 0.9%，農山村部で 1.3% いた．
　都市および農山村とも，熱帯林を保護することの重要性を認識している人が全体の約 7 割を占めており，マレーシア国民の熱帯林保護に対する意識の高さがつよく示された結果となった．
　図 5-7 のとおり，「1050 万ヘクタールの生産林があることについてどう思うか？」という質問に対しては，都市部では 7.4%，農山村部では 6.4% の人々

図中:

Q1 保護林の増減が生産林と農地に影響しないとした場合，熱帯林が370万ヘクタールあることについてどう思うか？

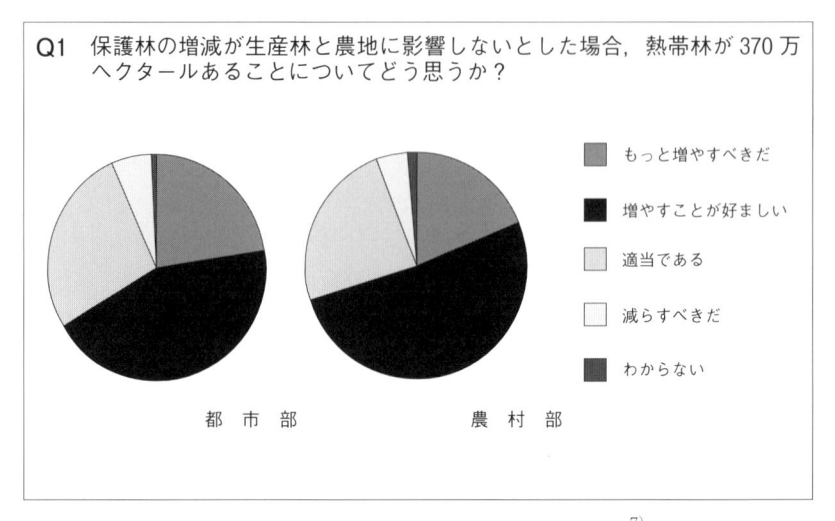

凡例: もっと増やすべきだ／増やすことが好ましい／適当である／減らすべきだ／わからない

都市部　　農村部

図5-6　意識調査の都市部と農山村部の比較1[7]

が「もっと増やすべきだ」と回答した．「増やすことが好ましい」と回答した人は，都市部，農山村部ともに25.2％となった．また，「適当である」と回答したのは，都市部で38.0％，農山村部で38.4％であった．「減らすべきだ」と回答した人も，都市部で28.4％，農山村部で29.3％いた．「わからない」と回答した人は，都市部で1.0％，農山村部で0.7％とほとんどいなかった．

都市部と農山村部ともに，「現状より増やすべきだ」と答えた回答者は全体の3割ほどにとどまり，熱帯林域を生産林として伐採することに対しては，全般に否定的な意見が多かった．

「農地が790万ヘクタールあることについてどう思うか？」という質問に対して，24.7％の都市部の人と，21.7％の農山村部の人々が「もっと農地を増やすべきだ」と回答した．また，「増やすことが好ましい」と回答した人は都市部で42.4％，農山村部で49.1％であった．「適当である」と回答した人は都市部で28.4％，農山村部で26％いた．一方，「農地を減らすべきだ」と回答した人は都市部で4.1％，農山村部で2.8％となった．

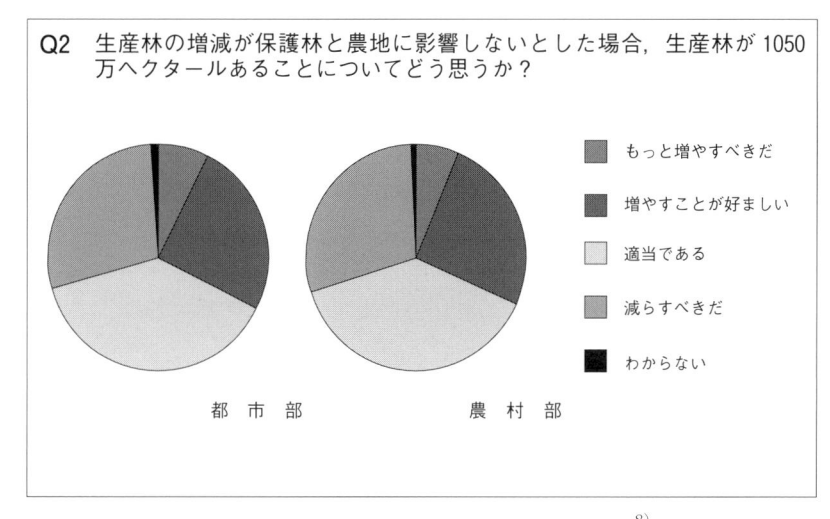

図 5-7　意識調査の都市部と農山村部の比較 2[8]

Q2　生産林の増減が保護林と農地に影響しないとした場合，生産林が1050万ヘクタールあることについてどう思うか？

凡例：もっと増やすべきだ／増やすことが好ましい／適当である／減らすべきだ／わからない

都市部，農山村部ともに，全体のほぼ7割の人が「現状より増やすべきだ」と答え，熱帯林域の農地転換利用についてマレーシア国民は前向きに評価していることが分かった（図5-8）．

「もし熱帯林保護のための政策が何も実行されなかったら，マレーシアの熱帯林はどうなると思うか？」という質問に対しては，都市部では49.9％，農山村部では58.3％の人々が，「40年以内に森林が消失してしまうだろう」と回答した．「100年以内に森林が消失するだろう」と答えた人は，都市部で34.5％，農山村部で25.7％であった．「100年たっても消失することはない」と答えた人は，都市部で13.3％，農山村部で13.5％いた．また，「わからない」と答えた人は都市部で2.3％，農山村部となった（図5-9）．

つまり，マレーシア国民約1600人のうちの8割強の人々が，「何の政策も行わなければ，熱帯林は100年以内に消失する」と考えており，やはり熱帯林消失の問題に対してつよい危機感を抱いていることが分かる．

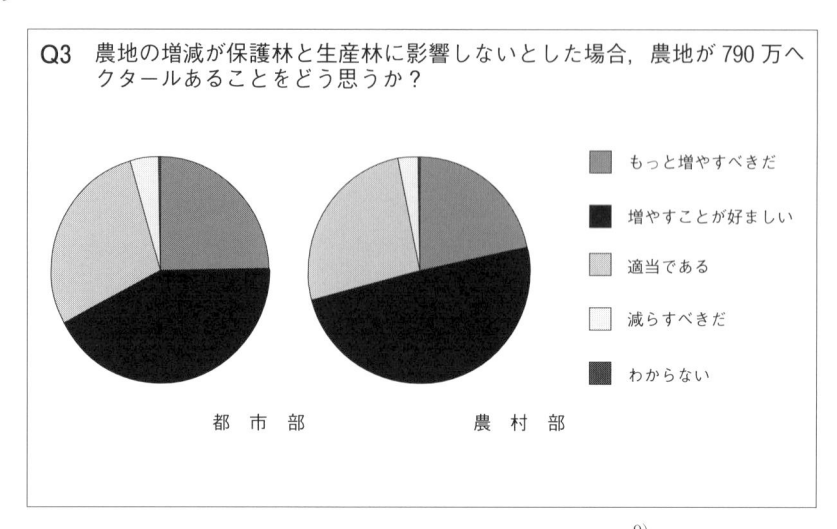

図 5-8　意識調査の都市部と農山村部の比較 3[9]

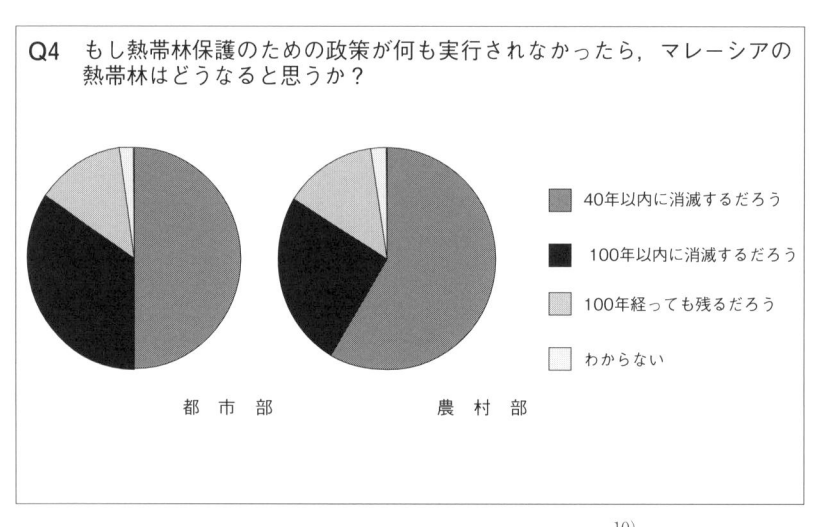

図 5-9　意識調査の都市部と農山村部の比較 4[10]

以上のような意識調査の結果を総括すると，マレーシアの都市部および農山村部の住民の多くは，

・熱帯林の消失に対して強い危機感を抱いている
・熱帯林を保護することの重要性を認識している
・熱帯林域を農地転換することを評価している
・熱帯林の商業伐採に否定的である

ということが明らかにされた．

最後に，都市部と農山村部の各世帯の所得状況についてふれておこう．都市部では平均月収がRM3,160となったが，農村部では平均月収はRM1,414となった．農山村部の平均所得は都市部の半分ほどの水準となっており，農山村部と都市部での所得格差がはっきりとあらわれている[11]．

2.2 全データによる推定結果

ここから選択型コンジョイント分析を用いた分析結果についてみていこう．推定モデルや計算の方法については都市部での場合と同じである．

条件付きロジットモデルで，農山村部の全データについて推定した結果は表5-7のとおりである．

表5-7 農山村部全データ推定結果

	係 数	t 値	P 値
保護林	0.183	12.121	0.000
生産林	-0.038	-2.661	0.007
農　地	0.259	20.916	0.000
税	-0.034	-20.659	0.000
ASC	-0.656	-11.793	0.000

LL：-4805.58
N：4856
ρ：0.1

すべての係数について統計的に有意となり，貨幣属性の符号も整合性が満たされた[12]．

都市部での結果と同じく，生産林利用すなわち商業伐採に対しては否定的な評価（－0.038）となり，熱帯林の保護については前向きに評価（0.183）された．とくに農地利用に対する評価が高くなり，係数値は0.259と属性の中で最大となった．定数項（ASC）は有意に負となり，現状維持への選好は確認されなかった．農山村部においても，保護林や農地転換については前向きな評価となり，商業伐採については否定的な評価となった．これらの結果は，先述の意識調査の結果と符合しており，ここでもコンジョイント分析の信頼性を確認することができた．

係数推定値から得られた1世帯・100万ヘクタール当たりの支払意志額は表5-8のとおりである．都市部とは異なり，農地転換政策の政策原資としての追加税負担に対する支払意志額（RM7.6）が，熱帯林保護政策の政策原資としての追加税負担に対する支払意志額（RM5.4）を上回った．農山村部の人々は，熱帯林を保護することで得られるエコシステムサービスの保全価値を評価して[13]

表5-8 限界支払意志額（農山村部）

	RM/100万ha
保護林	5.4
生産林	－1.1
農　地	7.6

＊RM1=約30円．

表5-9 95％信頼区間

保護林	3.3〜7.1
生産林	－2.4〜0.5
農　地	5.7〜9.2

＊信頼区間はKrinsky and Robbの方法で10,000回のモンテカルロシミュレーションにより算出されたものである．

はいるが，それ以上に，農地としての利用価値を高く評価していることが分かる．農山村部での回答者の多くは農業従事者であったため，このように農地転換が高く評価された可能性がある．逆に，都市部では，農業従事者がほとんどいなかったため，農地転換よりも熱帯林の保護に対する評価のほうが高くなったのかもしれない．これらのことから，回答者の職業が支払意志額の水準に一定の影響を及ぼすということが推察される．

また，農山村部の支払意志額は都市部とほぼ同じような水準である．先に指摘したとおり，平均所得に関しては都市部のほうが倍額近かったことから考えると，所得と支払意志額とはあまり相関しないということが考えられる．支払意志額と職業および所得との関係性については，次章において再度検討しよう．

2.3 地域別データによる結果

都市部の場合と同様，地域別にデータを分けてそれぞれについて推定した結果は表5-10のようになった．ここでは支払意志額のみを示している．—は10％基準の有意水準に達しなかったことを示す．

この結果から分かる特徴的な点をいくつか挙げておこう．

FELDAはFederal Land Developmental Authorityの略であり，政府系のプランテーション入植地である．回答者のほぼ全員がマレー系であり，アブラヤシプランテーションで働いている．このため農地転換に対する支払意志額が熱帯林の保護に対する支払意志額を大きく上回り，その値は他の地域に比べても最大のものとなった．ここでも回答者の職業が支払意志額の水準に影響を及ぼ

表5-10 地域別限界支払意志額（農山村部）

	シンパンペルタン	オランアスリ	FELDA	バハウ	セレンバン
保護林	6.8	2.7	7.9	6.7	4.3
生産林	—	−0.9	−1.9	−2.8	−2.6
農 地	10.3	4.4	10.4	7.6	3.7

＊単位はRM/100万ha．RM1=約30円．

していることがうかがえる．

　オランアスリ村は，先住民族であるオランアスリの住む集落である．回答者のうちの半数近くがゴム園プランテーションで働いており，やはり農地転換に対する支払意志額が熱帯林の保護に対する支払意志額を上回った．

　セレンバンはパソのあるニグリラン州の州都であることから，全般に都市部における結果と類似したものとなった．

おわりに

　以上，本章では選択型コンジョイント分析を用いて，熱帯林域の土地利用政策に対するマレーシア国民の選好分析をおこなった．その結果，熱帯林の保護域を増やす政策の原資として，低額ではあったが，追加的税負担を許容する支払意志がたしかめられた．意識調査においても，全体の8割の人々が「保護政策を行わないと熱帯林は100年以内に消失する」と考え，7割弱の人々が「保護域を増やすべきだ」としており，熱帯林を保護することの大切さを認識していることが分かった．これらのことから，マレーシア国民の多くは，熱帯林を保護すること，すなわち熱帯林のエコシステムサービスを保全することの重要性をつよく認識しているということが明らかになった．

　生産林利用（あるいは商業伐採）については否定的な結果となった．第1章ですでに述べられているように，マレーシアにおいて森林は一般に州政府の財産であり，伐採で得られる収入は直接地域住民の収入源とはならない場合が多い．また，伐採権を州政府から買い取る伐採業者の多くは域外の業者で，地域経済に直接の経済効果をもたらすとは考えにくい．これらのことから，生産林利用については否定的な結果となったことが考えられる．

　一方，熱帯林の消失を招くとされる農地転換に対しては高い支払意志がたしかめられた．とくに農山村部では土地利用形態のなかでもっとも高くなった．農山村部の地域住民は，熱帯林域の農地としての利用価値を高く評価したので

ある．農地転換利用とは，森林をすべて伐採し，アブラヤシなどの大規模農園にすることを意味している．このようなプランテーション化は，言うまでもなく森林の消失を招くことになる．マレーシア半島部での森林減少のほとんどは，プランテーション化が原因とされるが［奥田 2001］，国立環境研究所の奥田敏統氏らの調査によると，今回の調査地周辺においても，1970年代の前半から1990年代の後半の間にプランテーション面積は4倍強に増加したが，森林面積は半分以下に減少したとされる．プランテーション化が熱帯林の消失に大きく寄与したことが明らかであろう．

このような熱帯林破壊をもたらすにも関わらず，農地転換が農山村部の人々に高く評価されたのは，アブラヤシプランテーションは，薄くではあるが，多くの人々に経済的便益をもたらすためであると考えられる［奥田 2001］．奥田氏らのヒアリング調査によると，アブラヤシで4～6名程度の家族が1年間十分に暮らしていけるとのことである．このような点が農山村部の住民は積極的に受け入れられたのであろう．なお，これらについては終章でもふれる．

以上のように，コンジョイント分析という経済価値の評価手法を用いることで，土地利用形態からみた熱帯林の価値を定量化することができた．ただしこの手法には仮想性や技術的バイアスがあり，この手法で熱帯林を評価することに抵抗感を抱く人もいる．この点で，本研究では，保護林や農地転換という土地利用を重視し，生産林利用を否定していたことなど，意識調査での結果とコンジョイント分析での推定結果とがほぼ一致したという事実は，コンジョイント分析の手法としての信頼性を裏付けているといえよう．

また，付録資料にあるように，都市部と農山村部の双方において，全体の約9割の回答者（被験者）が，コンジョイント分析による調査法に対し「大変興味深い」と答えている．また，全体の8割の回答者が，コンジョイント分析アンケート調査の中で提示した仮想的な土地利用政策（プロファイル）に対し，「これらの政策は将来実行されると思う」と答えた．これらのことから，ほとんどの回答者は，コンジョイント分析の各質問に対して，真剣に取り組んだこ

とがうかがえる．この点については補論でも紹介しているので参照してほしい．

　熱帯林は途上国の地域住民にとって重要な価値を持つ地域公共財であると同時に，世界全体にとっても重要な価値を持つグローバル公共財としての側面もある．したがって，熱帯林の保護策のあり方を検討するためには，途上国住民の視点だけでなく，できれば先進国の立場からも評価することが必要であろう．熱帯林を保護するには多額の費用が必要であり，とりわけ先進国に対しては費用負担の役割が求められているが，そうした先進国の役割を検討していくためにも，先進国を対象とした同様の調査が必要であろう．この部分については今後の課題となるが，こうした多角的な視点から熱帯林を総合的に評価し，その上で，熱帯林政策や各国の果たすべき役割について議論することは不可欠である．

注
1) この章における分析の基礎となるデータおよび情報については，日経リサーチ「平成12年度森林のエコシステムサービスの環境経済的評価手法開発に関する研究，調査報告書」「平成13年度森林のエコシステムサービスの環境経済的評価手法開発に関する研究，調査報告書」に基づいている．また室田他［2003］でも簡単に紹介されている．
2) 計算方法については第4章を参照のこと．
3) あるいは公益機能．詳しくは第1章を参照のこと．
4) 調査当時（2000年6月）の為替レートに基づいている．
5) FELDA（Federal Land Development Authority）は，新規土地開発・入植事業を担当する政府機関であり，大規模な開発スケールで事業を展開して農業生産をはじめめざましい実績を達成してきており，マレーシア農業関連産業や経済において重要な役割を担ってきた［岩佐 2005］．
6) マレー半島部に居住する先住系民族集団のこと．
7) ちなみに都市部と農山村部の回答結果をもとに，独立性の検定をおこなってみたところ $\chi^2 = 8.76 < 9.49$（有意水準5％，自由度4）となり，仮説は棄却されず，この質

問については地域差とは独立であることが示された．

8）独立性の検定については $\chi^2 = 1.87 < 9.49$（有意水準5％，自由度4）となり，仮説は棄却されず，この質問については地域差とは独立であることが示された．

9）独立性の検定について $\chi^2 = 7.75 < 9.49$（有意水準5％，自由度4）となり，仮説は棄却されず，地域差とは独立であることが示された．

10）独立性の検定について $\chi^2 = 14.5 > 7.81$（有意水準5％，自由度3）となり，仮説は棄却され，地域差と連関性があることが示された．農山村607人のうちのほとんどは熱帯林近くに居住しているため，熱帯林消失の危機意識について地域性の影響が出たことが推測される．

11）その他，民族構成は，都市部では，中国系が約33％，マレー系が約57％，その他が約10％だったが，農村部では中国系が約31％，マレー系が約39％，インド系が約9％，オランアスリ系が約20％だった．

12）ここでは第4章でふれたIIAに関するHausman-McFaddenテストを行ってみよう．Hausman-McFaddenテストには次式を用いる．$\chi^2 = (\hat{\beta}_s - \hat{\beta}_f)(A_s - A_f)(\hat{\beta}_s - \hat{\beta}_f)$ Aは漸近共分散行列，^は推定値，下付きsは選択肢の一部を削除した場合，fはすべての選択肢を含めた場合である．選択肢1，2，3のそれぞれを除いた場合において $\chi^2 = 35.27$，26.42，123.8 となり5％水準でいずれも棄却された．このことからIIA緩和の必要性が示された．IIA緩和モデルの導入については次章を参照のこと．

13）第2章での議論に従えば熱帯林の非利用価値として扱われる．詳しくは第2章を参照のこと．

14）このことと少し関連するものとして，第2章でもふれたが，仮想的な（hypothetical）状況と実際（real）の状況との乖離について考察した研究は多い．たとえばCarlson and Martinsson［2001］，Carlson et al.［2005］，Cummings and Taylor［1999］，List and Shogren［2002］などがある．

補論 2　プロファイルの実行可能性に対する質問について

　第4章末の補論および付録資料の①で示したとおり，農山村部における実際のコンジョイント分析調査の調査票のなかでは，「コンジョイント分析の設問であなたが選んだ政策が実行されると思うか？」という設問を設けていたが，この質問に対し，「実現する」，「実現しない」とそれぞれ答えた回答者別に分割したサブサンプルをつくり，それぞれについて条件付きロジットモデルによる推定をおこなった．ここでは，支払意志額の推定結果のみ以下に示そう．

　表5-11の結果から，調査票にプロファイルとして提示した土地利用政策（たとえば第4章図4-2におけるプログラム1やプログラム2など）についての実現を「期待する」人と「期待しない」人との間では，支払意志額が大きく異なっていることが分かる．土地利用の改変政策の実現を期待する人は，支払意志額の水準が非常に高くなっている．一方，政策の実現を期待していない人は支払意志額の水準が低くなった．これらは，コンジョイント分析における仮想的な質問に対する各個人の臨み方の違いがあらわれたものと解釈できる[14]．とくに，後者の政策の実現を期待しないという人々は，コンジョイント分析での政策プロファイルを，「どうせ実現しない」，「あくまで仮想的なもの」と捉えて，おのずから支払意志を持っていないかあるいは真面目に回答を行っていない可能性がある．なお本研究では，実現を期待するという人が全体の8割近くを占めていることから，ほとんどの人が，コンジョイント分析の各質問に対して支払意志を有しかつ真面目に回答をおこなったと考えられる．

表5-11　限界支払意志額の比較

	実現する	実現しない
保護林	18.6	4.2
生産林	−5.0	―
農　地	22.7	8.3
サンプル数	3,496	504

＊単位はRM/100万ha．RM1=約30円．

第5章 熱帯林のエコシステムサービスの評価　105

マングローブ林（マタン）

ゴム園でのゴムの採取

第6章　熱帯林のエコシステムサービスの評価（応用）

　この章では，前章で用いた条件付きロジットモデルの問題点を克服するような，つまり個人間の選好の異質性に配慮しIIA特性を緩和するような応用的モデルを導入する．応用的モデルには，第3章でふれたランダムパラメータロジットモデルおよび潜在クラスロジットモデルを用いる．なお分析の対象とするデータには，個人間の選好の異質性が大きいと考えられる農山村部データを用いる．IIA特性については，第5章でのHausman-McFaddenテストの結果より，農山村部データ分析に関するIIA特性の緩和の必要性がすでに検証されている．

1 ランダムパラメータロジットモデル

1.1　全データ推定結果

　ランダムパラメータロジットモデルを用いた推定結果は表6-1のとおりである．第3章でみたとおり，ランダムパラメータロジットモデルでは係数に分布を仮定するため，平均係数と標準偏差係数が推定される．税金属性の係数は分布を仮定せず固定したが，これは支払意志額を導出しやすくするためである [Provencher and Bishop 2004]．その他の属性についてはすべて正規分布を仮定した[1]．

　標準偏差の係数がすべて有意なことから，個人間における選好の異質性が存在することが分かる．モデル全体の説明力を示す ρ は，条件付きロジットモデル（CL）のときよりも改善し（0.1→0.13），ランダムパラメータロジットモデルの有効性が確認された．また，支払意志額の推定結果は，表6-2の通り，条

表6-1 ランダムパラメータロジットモデル（RPL）による農山村部全データ推定結果

	係　数	t 値	P 値
保護林	0.233	10.098	0.000
生産林	-0.042	-2.099	0.035
農　地	0.328	14.887	0.000
税	-0.042	-21.087	0.000
ASC	-0.725	-11.295	0.000
保護林 s.d.	0.349	12.532	0.000
生産林 s.d.	0.268	9.697	0.000
農　地 s.d.	0.391	16.409	0.000

LL：-4623.3
n：4856
ρ：0.13

＊100回のhalton drawsによる．s.d.は標準偏差パラメータ．

表6-2 限界支払意志額の比較

	CL	RPL
保護林	5.4	5.4
生産林	-1.1	-1.0
農　地	7.6	7.6

＊単位はRM/100万ha．RM1=30円で換算している．

件付きロジットモデルの場合とほとんど遜色のない結果となった．

　正規分布の仮定のもと推定した平均係数と標準偏差係数を用いると，以下のような情報を得ることができる．

　保護林属性の支払意志額については，正規分布の仮定下における平均係数と標準偏差係数から計算すると，RM20以上の支払意志を表明する人は全体の1割ほど，RM30以上の支払意志を表明する人は全体の3％ほどいることが分かった．また，何らかの正の支払意志を示す人は全体の8割弱いることが分かる．

　生産林利用属性に対する支払意志額については，何らかの正の支払意志額を

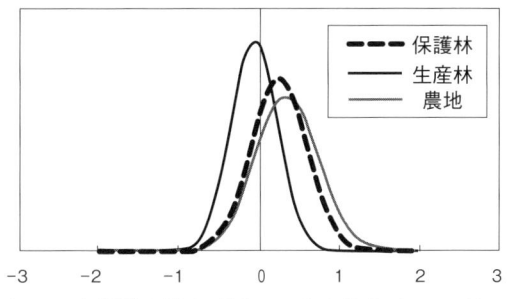

第6章 熱帯林のエコシステムサービスの評価（応用）

図 6-1　各属性の推定パラメータの分布（正規分布）

表明した人は全体の4割に満たない程度であった．

　農地転換属性の支払意志額については，RM20 以上の支払意志を表明した人は全体の2割ほどいることが分かった．また農地転換に対して正の支払意志を示した回答者は全体の8割強を占めていることが分かった．

1.2　個人別選好データの活用

　ランダムパラメータロジットモデルでは，分布の母パラメータに関する情報が分かっているため，ここから個人別の推定係数および支払意志額についてベイズ定理を用いることでシミュレーションにより導出できる[2]．ここではこのような個人別の選好に関する情報を用いた分析をおこなってみよう．

1.2.1　職業別

　たとえば，シンパンペルタンに住む 35-39 歳くらいの中国系男性で，伐採業者であり，月収が 1000-2000 リンギ程度という人の支払意志額の推定結果は，

保護林：RM11.5
生産林：RM12.9
農　地：RM-9.2

となった.この人は,生産林利用に対して正の評価を,農地転換に対しては負の評価をしており,これまでみてきたものとは全く異なった傾向を示していることが分かる.職業が伐採業者であることから,生産林利用に大きな価値を置いたことがうかがえる結果である.

もう1つの例をみてみよう.バハウに住む30-34歳くらいのマレー系男性で,野菜農園の農民であり,月収が1000リンギ以下というケースでは,

> 保護林：RM-1.1
> 生産林：RM-13.3
> 農　地：RM7.6

となり,農地転換への評価以外すべて否定的な価値評価となっている.これもこれまでとは大きく異なるものであり,職業が農業関連であることから農地転換利用に大きな価値を置いたことがうかがえる.

その他の人々についても特徴的な例をいくつかとりあげて表6-3にまとめた.伐採業者はやはり生産林としての利用価値を評価し,農業従事者は農地転換としての利用価値を評価していることが分かる.とくにプランテーション従事者の評価値は高くなっている.

表6-3　個人の職業別支払意志額

保護林	生産林	農地	職業
6.0	-2.1	21.3	農業（稲作）
8.8	-13.4	33.2	ゴムプランテーション従事者
6.5	-12.0	35.2	油やしプランテーション従事者
7.2	6.6	21.5	伐採業者

＊単位はRM/100万ha.　RM1=約30円.

以上の分析結果により,各個人の職業に関わる土地利用形態についての支払意志額がとくに高くなる傾向のあることが読み取れる.個人の選好がそれぞれ

の職業に影響されることはこれまでに何度か指摘してきたが，このようにランダムパラメータロジットモデルを用いて個人別の選好情報を抽出することにより，あらためて定量的に確かめることができた．

1.2.2 所得別

つぎに，回答者の所得階層別の支払意志額についても計算してみよう．所得階層は最右列に表示している（表6-4）．支払意志額は各階層別に平均をとったものである．

この表から分かるとおり，所得と支払意志額との相関性はとくにみられない．つまり，所得水準が高いというだけで支払意志額の水準が上がるわけではないことがうかがえる．

表6-4 個人の所得別支払意志額

保護林	生産林	農地	所得階層
9.9	-2.0	13.5	RM1,000 以下
10.3	-3.1	14.5	RM1,001 – RM2,000
11.0	-3.6	12.4	RM2,001 – RM3,000
8.9	-4.6	9.9	RM3,001 – RM4,000
4.6	-5.3	10.3	RM4,001 – RM5,000
0.9	0.1	-5.1	RM5,001 – RM6,000
8.3	-3.9	15.0	RM6,001 – RM7,000
9.8	-5.7	18.6	RM7,001 – RM8,000
16.2	-10.6	11.5	RM8,001 以下

＊単位は RM/100万 ha．RM1=約30円．

2 潜在クラスロジットモデルによる分析

ここからは，個人間の異質性を分析するモデルとして優れる潜在クラスロジットモデル（Latent Class Logit Model; LCL）を用いた分析をおこなう[3]．潜在クラスロジットモデルでは，1つの推定係数を求めるのではなく，いくつかの選好集団（クラス）別の推定係数を求める．選好グループに分けるための個人間の

選好の異質性を説明する変数は，メンバーシップ関数と呼ばれる関数内の変数として同時にモデル内に組み込むことができる．

一方で，潜在クラスロジットモデルの問題点は，変数を同時に組み込むことで尤度関数が複雑になることによる解の不安定性である．個人間の選好の異質性はさまざまな個人特性により説明されるものであるが，たとえばこれらの多くをメンバーシップ関数に設定すれば，解が不安定になり推定できなくなる．今後は，尤度関数から安定的に解を導く方法を検討することが課題として求められている．たとえば因子分析から抽出した変数を導入して対応するといったアプローチもおこなわれている[4]．

2.1 因子得点変数の導入

本研究でも，因子分析により抽出し作成した変数を導入してみよう．アンケート調査では，森林のエコシステムサービス機能などさまざまな機能に対する認識を5段階で評価してもらう質問をおこなった（第4章末補論【B】パートおよび付録資料）．ここではまずこの質問に対する回答データを用いて因子分析をおこなってみよう［日経リサーチ 2001, 2002］．

このパートでの質問は，たとえば，「工場建設のための森林開発」や「森林は土壌浸食を防止する」といった項目に対する自分の認識を，

 1 とても重要なことである
 2 重要なことである
 3 ふつう
 4 重要なことではない
 5 まったく重要なことではない

のなかから選んでもらうものである．以下の22項目について回答してもらった．

1	工場建設のための森林開発
2	宅地開発のための森林開発
3	やし油やゴムなどの大規模農園造園のための森林開発
4	農地転用のための森林開発
5	道路整備のための森林開発
6	木材輸出はマレーシアの主要産業である
7	木材産業は職業を提供する
8	木材でできた住宅や家具などの製品を利用できる
9	旅行者が森林を観光できる
10	森林から食料採取ができる
11	森林は野生生物や昆虫の生息地である
12	森林には多様な動植物が生息する
13	森林は洪水などの自然災害を防止する
14	森林は土壌浸食を防止する
15	森林は水分を吸収し，土壌の乾燥を防ぐ
16	森林の木や植物は空気を浄化する
17	森林は二酸化炭素を吸収して地球温暖化を緩和する
18	森林の景観と眺望
19	森林における動物の暮らしや植物の観察
20	自然や森林での散歩を楽しむこと
21	森林は精神をリラックスさせる
22	森林は医療に利用可能な遺伝子資源を含有する

　これら22項目に対する回答結果について因子分析を適用した．因子分析の結果は表6-5のとおりである．そして22項目が3因子にまとめられた（表6-6）．
表6-6の因子別の設問群を第2章に沿ってまとめてみると，

> 因子1：森林のエコシステムサービス機能あるいは非利用価値に関するもの
> 因子2：森林の間接的利用価値に関するもの
> 因子3：森林の直接的利用価値に関するもの

となる．

このような因子分析の結果から個人別の因子得点を計算し，それらを変数化

表6-5　因子分析結果

		因子	因子	因子
13	森林は洪水などの自然災害を防止する	77	20	-1
14	森林は土壌浸食を防止する	74	15	0
15	森林は水分を吸収し，土壌の乾燥を防ぐ	71	14	-4
17	森林は二酸化炭素を吸収して地球温暖化を緩和する	60	16	-2
16	森林の木や植物は空気を浄化する	59	24	5
12	森林には多様な動植物が生息する	57	28	-6
11	森林は野生生物や昆虫の生息地である	44	32	-4
20	自然や森林での散歩を楽しむこと	8	72	-7
21	森林は精神をリラックスさせる	19	64	-1
19	森林における動物の暮らしや植物の観察	30	56	-5
22	森林は医療に利用可能な遺伝子資源を含有する	36	48	-6
10	森林から食料採取ができる	20	47	0
18	森林の景観と眺望	17	46	-6
9	旅行者が森林を観光できる	12	43	13
7	木材産業は職業を提供する	-5	-7	62
6	木材輸出はマレーシアの主要産業である	-9	-6	62
4	農地転用のための森林開発	3	20	57
3	やし油やゴムなどの大規模農園造園のための森林開発	3	13	57
1	工場建設のための森林開発	5	-10	54
2	宅地開発のための森林開発	-5	-12	53

表6-6 因子別の設問群

因子1：	設問番号	11, 12, 13, 14, 15, 16, 17
因子2：	設問番号	9, 10, 18, 19, 20, 21, 22
因子3：	設問番号	1, 2, 3, 4, 6, 7

して，潜在クラスロジットモデルのメンバーシップ関数に導入した．因子は3つあるが，森林のエコシステムサービス機能あるいは非利用価値に関わる因子得点と，森林の利用価値に関わる因子得点とを合成し，1つの変数 'FCT' を作成した．FCT 変数は，その値が大きいほど，森林のエコシステムサービス機能あるいは非利用価値を評価し，値が小さいほど，森林の利用価値を評価するということを示している．

2.2 クラス数の検討

第3章でも述べたが，潜在クラスロジットモデルではまずクラス数の決定を行う必要がある．そこで，クラス数を離散的に設定し，それぞれの場合において推定をおこなった．推定における対数尤度（LL），AIC，BIC，ρ の値は表6-7の通りとなった．

モデル説明力を示す ρ は，条件付きロジットモデルおよびランダムパラメータロジットモデルのときに比べて大きく向上した（0.1 → 0.27）．これは，潜在クラスロジットモデルのフィットの良さを示している．

表6-7 より，AIC，BIC，ρ とも良好な結果を示しているのはクラス数が4つのときであることが分かる．したがって，本研究では，4クラスのモデルを

表6-7 クラスの決定

クラス	変数	LL	AIC	BIC	ρ
1	5	−4805.6	9621.2	4821.621	0.097
2	12	−4107.1	8238.2	4145.551	0.029
3	19	−3931.9	7901.8	3992.781	0.262
4	26	−3877.5	7807	3960.811	0.271
5	33	−3871.1	7808.2	3976.841	0.271

表6-8 潜在クラスロジットモデルによる農山村部全データ推定結果

	C1		C2		C3		C4	
	係数	t値	係数	t値	係数	t値	係数	t値
Const	1.457	7.00	-0.045	-0.19	0.8162	3.35	−	−
FCT	-1.9984	-3.28	-0.427	-0.63	-2.5132	-3.02	−	−

	C1		C2		C3		C4	
	係数	t値	係数	t値	係数	t値	係数	t値
保護林	0.1387	6.49	0.3466	2.06	0.1564	6.02	0.6996	15.18
生産林	0.0121	0.58	0.0286	0.21	0.0933	3.64	-0.5859	-13.48
農　地	0.2833	15.47	0.2742	2.18	0.1465	7.11	0.6146	17.06
税	-0.0309	-12.78	-0.1333	-4.18	-0.0607	-22.12	-0.0521	-12.68
ASC	-1.5112	-19.03	1.1739	4.19	-0.4357	-10.10	0.1576	2.45

表6-9 潜在クラスロジットモデルによる限界支払意志額

	C1（農地開発）	C2（現状）	C3（生産林）	C4（保護林）
保護林	4.5	2.6	2.6	13.4
生産林	—	—	1.5	-11.3
農　地	9.2	2.1	2.4	11.8
集団の規模（%）	48	14	23	15

採用することとした．

つぎにメンバーシップ関数および効用関数の推定結果をみてみよう（表6-8）．

まず，すべての税金属性係数は負の符号であり，論理的整合性が得られている．また，各クラス間で係数推定値がばらついているが，これは，ランダムパラメータロジットモデルで（標準偏差係数が有意になり）係数のばらつきが確認されたことと符合する．

保護林属性の係数の値についてはクラス4が最大となり，クラス1およびクラス3の値が低くなった．生産林属性の係数は，クラス3で有意に正の符号となった．税金属性係数の値については，クラス2での値は他のクラスに比べてかなり大きくなっている．このような結果は，条件付きロジットモデルやラン

ダムパラメータロジットモデルによる分析では得られなかった情報である．クラス別の効用関数を設定することで，このような情報を得ることが可能となるのである．

これらの推定係数から支払意志額を計算した結果は表6-9の通りである．集団（クラス）の規模の推定値も同時に示している．集団の規模（メンバーシップ帰属確率（％））の計算方法については第3章を参照されたい．

以上のとおり，紹介したような推定係数および支払意志額の推定結果を用いて，以下に各クラスの特徴を描いてみよう．

2.3 クラス特徴の解釈

クラス1は，全体の48％の人が所属する最大の集団である．メンバーシップ関数における因子得点変数（FCT）の推定結果から，森林のエコシステムサービスに対する重要性の評価は低く（－1.9984），むしろ森林の利用価値を重視していることが分かる．効用関数の推定結果をみると，農地転換属性の係数値（0.2833）が，保護林属性（0.1387）や生産林属性（－0.0121）の係数値を上回っていることが分かる．また，農地転換政策の政策原資としての追加税負担に対する支払意志額あるいは熱帯林域の農地としての利用価値に対する評価（RM9.2）は，熱帯林の保護政策の原資としての追加税負担に対する支払意志額あるいは熱帯林およびそのエコシステムサービスの保全に対する価値評価（RM4.5）の倍以上となった．これらの点より，この集団は，熱帯林域の農地転換を望んでいる集団であるといえる．

クラス2は，全体の14％が所属する最小の集団である．効用関数の推定結果をみると，現状を示す選択肢についての定数項ASCが有意に正値（1.1739）となり，その値もグループ間で最大のものとなった．また，支払意志額の水準は，RM2.6（保護林属性）やRM2.1（農地属性）と，他のグループに比べて低い水準である．これらのことから，彼らは，土地利用を改変する政策全般に対して抵抗的な意識を持っており，熱帯林には何も手をつけず，現状のまま維持さ

れることを望んでいることがうかがえる．現状維持を望んでいることから，彼らの多くは，伝統的に森と共存してきた人々である可能性もある．FCT 変数の結果をみると，森林のエコシステムサービスをある程度評価しており，支払意志額についても ｜保護＞農地転換｜ であることから，熱帯林域の開発は望んでいないということが推察されるが，とはいえ，保護林として厳重に管理されてしまうことも望んでいないのである．

　クラス 3 は，全体の 23％が所属する 2 番目に大きな集団である．メンバーシップ関数の推定結果をみると，因子得点変数（FCT）の係数値が最も低く（− 2.5132），森林の利用価値をとても重視している集団であることが分かる．また，効用関数の推定結果から，生産林属性の係数が有意に正（0.0933）であることが分かる．このため，生産林利用のため政策原資に対する支払意志額あるいは生産林としての利用価値に対する評価（RM1.5）も正値となった．これらのことから，この集団は，熱帯林域の生産林としての利用価値を重視している集団であることが分かる．

　クラス 4 は，全体の 15％が所属する集団である．メンバーシップ関数における因子得点変数（FCT）の推定結果から，彼らは，森林のエコシステムサービスを重視していることが分かる．効用関数の推定結果をみると，保護林属性の係数値（0.6996）が，農地転換属性（0.6146）や生産林属性（− 0.5859）の係数値を上回っている．熱帯林保護のための政策原資としての追加税負担に対する支払意志額も他のグループに比べてずばぬけて大きい（RM13.4）ことから，この集団は，熱帯林のエコシステムサービスを高く評価し，これを保全するための熱帯林保護政策をつよく望んでいる集団であるということが分かる．

　このように，住民らの選好は，4 つの異なる集団に分かれるということが示された．もう一度まとめておくと，

「森林の利用価値を評価し，熱帯林域の農地転換を求める集団」
「熱帯林域の土地利用改変に反対し，現状維持を望む集団」

「森林の利用価値を評価し，熱帯林の商業伐採を認める集団」
「森林のエコシステムサービスを評価し，熱帯林の保護に対する意識が高い集団」

という4つの集団である．

おわりに

　農山村部のデータは，オランアスリ村からプランテーション入植地に至るまでというかなり多様な地点から得たものであるため，個人特性のばらつきが大きいことが考えられた．そこでこの農山村部データについては，個人間の選好の異質性を考慮しかつ IIA 特性を緩和するモデルを適用した．まずランダムパラメータロジットモデルを用いると，条件付きロジットモデルに比べてモデル説明力が大きく改善した．さらに，個人別の推定結果から，各個人の職業が選好に影響していること，所得と支払意志額の間にはほとんど相関のないことが分かった．

　つぎに潜在クラスロジットモデルを用いると，モデル説明力がさらに改善された．そして，森林のエコシステムサービスに対する価値観のちがいにより，4つの異なった選好集団にわかれることが分かった．

　前章のような条件付きロジットモデルによる分析においては，農山村部では，農地としての利用価値に対する評価が熱帯林あるいはそのエコシステムサービスの保全に対する評価を上回っていた．しかし潜在クラスロジットモデルを適用すると，全体の約3割の人々（クラス2およびクラス4の人々）は，熱帯林とそのエコシステムサービスの保全価値に対する評価が農地としての利用価値に対する評価を上回るということが明らかになった．また，一切の土地改変を行わずに現状のまま維持されることを望んでいる人が14％程度いることも分かった．さらに，条件付きロジットモデルやランダムパラメータロジットモデルで

はともに否定的な評価となっていた生産林利用政策に対して（正の支払意志額を表明し）前向きに評価する集団が存在することも分かった．これらの点は，潜在クラスロジットモデルによる応用分析ではじめて得られた情報であり，潜在クラスロジットモデルを適用することの有用性がつよく示されているといえる．

注
1) いずれの属性も符号の方向が予測できないこと，正規分布は規範的分布であり他の研究でも多く用いられていることが理由として挙げられる．
2) 詳しくは Train [2003] を参照すること．
3) 先行研究として，Kamakura and Russell [1989], Swait [1994], Boxall and Adamowicz [2002], Provencher, Baerenklau and Bishop [2002], Greene and Hensher [2002], Provencher and Bishop [2004] 等がある．
4) Boxall and Adamowicz [2002] では，因子分析による結果をメンバーシップ関数に導入した潜在クラスロジットモデルによる分析が行われている．

pterocambium の仲間

補論 3　森林に関する知識別でみた選好

第4章末の補論で示した【C】パートにもあるように，アンケート調査では，森林のさまざまな機能に関する知識量についてもたずねた．
　具体的には，

> ① 木材輸出はマレーシア経済にとって重要なものである．
> ② 森林は洪水のような自然災害を防ぐ．
> ③ 森林は土壌浸食を防ぐ．
> ④ 森林は水分を含んでおり土壌が乾くのを防ぐ．
> ⑤ 森林は大気を清浄する．
> ⑥ 森林は二酸化炭素を吸収し地球温暖化防止に貢献する．
> ⑦ 森林は医薬品に使いうる遺伝子資源を蓄えている．

というそれぞれの項目に対して，

> 1　十分に知っている
> 2　知っている
> 3　聞いたことがある
> 4　知らない

という4段階で自らの知識レベルを回答してもらった．その結果，最初の質問①を除くすべての項目で約4割の人が「十分に知っている」と回答し，4割強の人が「知っている」と回答した．つまり全体の8割の人が，森林のエコシステムサービスについて知っているということになる．
　ここでは，ランダムパラメータロジットモデルで得た個人別の支払意志額（ただし保護林属性と生産林属性について）を用いて，上記の設問における回答結果

を独立変数，個人別の支払意志額を従属変数とした簡単な回帰分析をおこなってみよう．

分析の結果は以下のとおりとなった．Kは森林のエコシステムサービスについての知識量（独立変数）を変数化したものであり，前表における1から4のスケール値の逆数としている．（　）内はt値を示している．

$$\text{WTP for protection} = -12.373 \ (-12.1) + 0.265K \ (2.5)$$
$$\text{WTP for production} = 5.047 \ (6.7) - 0.243K \ (-3.1)$$

この回帰結果から分かるとおり，森林のエコシステムサービスに関する知識が高いほど，熱帯林保護政策に対する支払意志額（WTP for protection）が大きくなっている．一方，生産林利用に対する支払意志額（WTP for production）は，森林のエコシステムサービスについて知らない人ほど大きい．すなわち，森林のエコシステムサービスについてよく知っている人ほど，熱帯林およびそのエコシステムサービスの保全価値を高く評価し，熱帯林域の生産林としての利用価値を否定するということが分かる．

終　章　熱帯林の価値を問う

　FAO の State of the World's Forests 2007 によれば，世界の森林面積は約 38.7 億ヘクタールであり，1990 年から 2000 年にかけて年平均で約 940 万ヘクタールの森林が消失したとされる．われわれの調査対象地であるマレーシアでは，森林面積は約 2089 万ヘクタール（国土面積の 63.6%）あるが，1990 年から 2000 年にかけて年平均で約 7.8 万ヘクタール，2000 年から 2005 年にかけては約 14 万ヘクタールの熱帯林が消失している［FAO, State of the World's Forests 2007］．このような熱帯林消失の原因としては，まず，アブラヤシなどのプランテーション化政策が挙げられる．すでに第 1 章で説明したとおり，この点については，われわれの調査サイト付近において，1970 年代前半から 1990 年代後半にかけて森林面積は半減し，アブラヤシプランテーション域が 4 倍に増加したことからもたしかめられる．

　また，熱帯林の劣化の原因としては商業伐採が挙げられる．商業伐採ではブルドーザーなどの重機を使用することが多く，土壌の流亡が起きたり，搬出道などでは土壌の緻密化が起きて植生の復活が遅れるなど，実質的な森林環境の劣化が問題となっている．また，マレーシアにおいては，土地の所有権は国や州が持ち，伐採権を伐採業者に有償で与えていることから，伐採業者は短期的な利益を重視し，結果として，適切な森林管理が行われず熱帯林が荒らされるという状況もみられる［奥田 2002］．さらに，伐採路を利用した違法伐採の問題も生じている．

　国立環境研究所（当時）の奥田敏統氏らのチームの研究によれば，森林構造の調査および定点カメラによる動物種の出現頻度の観察をおこなったところ，択伐後 40 年以上も経った二次林であっても，森林構造および生物相とも天然

林とは様変わりしてしまい，元の状態には戻っていない．熱帯林は，地上部の現存量が他のどの森林よりも大きく，非常に多様な生物種を抱える貴重な生態系であり［奥田 2002］，この意味からも，熱帯林の消失はグローバルレベルにおいて深刻な問題なのである．

このような熱帯林の破壊を食い止めるには，自然科学からのアプローチだけでは対応できず，社会経済的なアプローチ，たとえば，地域社会と連携した方法などがどうしても必要になってくる［奥田 2002］．とくに地域社会の構成員である地域住民の視点を踏まえたアプローチは大切である．これまで熱帯諸国の森林行政官および専門家集団からの視座のみに基づいて森林保全政策に取り組んでも森林は消失・劣化する一方であり，今後の森林保全にとっては，森林地域住民の視座からの取り組みをもっと強化することが必要［井上 2004，井上他 2004］であるといえる．

そこで本書では，このように地域住民の意識を森林政策に反映させていくための第一歩として，マレーシアにおける熱帯林域の土地利用形態に対する地域住民の選好の定量化を通じ，熱帯林の持つさまざまな価値の評価を試みている．具体的には，保護林・生産林・農地という3つの土地利用形態に対する選好を選択型コンジョイント分析で測定し，そこから熱帯林域のさまざまな利用価値およびそのエコシステムサービスの保全価値を定量化した．以下では本研究の分析を総括してみたい．

これまでの支払意志額の推定結果を一覧にして表1に示した．まずこの表から分かるように，都市部や農山村部での分析，さらに農山村部での応用分析（RPLやLCL）においても，熱帯林およびそのエコシステムサービスを保護することに対しては総じて肯定的な評価結果となっている．この点は，すでに紹介してきた意識調査のなかで，全体の約7割の人々が熱帯林消失に対する危機感を抱き，「保護林エリアをもっと増やすべきだ」と考えていたことからも確認できる．つまり，熱帯林域の地域住民らは，熱帯林の保護に対する価値意識を

表1 支払意志額の総括表

	都市部	農山村部
保護林	6.2	5.4
生産林	-1.3	-1.1
農　地	5.2	7.6
	n = 1000	n = 607

農山村部 n = 607	CL	RPL	LCL 農地転換派	LCL 現状維持派	LCL 商用伐採派	LCL 保護派
保護林	5.4	5.4	4.5	2.6	2.6	13.4
生産林	-1.1	-1.0	—	—	1.5	-11.3
農　地	7.6	7.6	9.2	2.1	2.4	11.8
ρ値	0.1	0.13	0.27			

n = 607　RM/百万 ha，1世帯あたり
CL：条件付きロジットモデル
RPL：ランダムパラメータロジットモデル
LCL：潜在クラスロジットモデル

しっかりと持っていること[2)]が分かる．

つぎに，保護林属性と農地転換属性の推定係数を用いて[3)]，以下のとおり熱帯林域土地利用評価率 φ を定義しよう．

$$\varphi = \frac{\beta_{agri}}{\beta_{protect}}$$

φ が1を超えると，熱帯林域の農地等としての利用価値に対する地域住民からの評価が，熱帯林域を保護しエコシステムサービスを保全することに対する（あるいは非利用価値に対する）評価を上回ることを示している．逆に，熱帯林域土地利用評価率 φ が1に満たないと，熱帯林およびそのエコシステムサービスを保全することに対する価値評価が，利用価値に対する評価を上回ることを示している．そして，φ 値について計算してみると，以下のようになった．

条件付きロジットモデルを用いた分析の結果，マレーシア都市部では φ 値が

表2　条件付きロジットモデル（CL）におけるφ値

	φ値
都市部	0.84
農山村部	1.31

表3　潜在クラスロジットモデル（LCL）におけるφ値

	φ値
農地転換派	2.04
現状維持派	0.8
商用伐採派	1.5
保護派	0.87

1を下回っていることから，熱帯林域の保護政策に対する選好が強く，住民らは熱帯林およびそのエコシステムサービスを保全することの価値（あるいは非利用価値）を高く評価していることが分かる．一方，農山村部ではφ値が1を上回ったことから，熱帯林域の農地転換に対する選好が強く，熱帯林域の農地としての利用価値を重視していることが分かる．農山村部の地域住民は，熱帯林保護の重要性を認知しているが，それ以上に，農地の拡大を望んでいるのである．このような結果になった理由としては，各個人の職業が選好に影響を及ぼしていることが考えられる．農山村部での回答者の多くは農業従事者であり，第1章ですでに指摘したように，彼らは，自らの所得の増加につながると思われる農地拡大をつよく望んだのである．

　第1章では，森林のエコシステムサービスについて考慮してはじめて，熱帯林を保護することの経済的価値が生まれることを説明した．しかし，直接的な現金収入の面から捉えれば，熱帯林を皆伐してアブラヤシプランテーションにするほうがはるかに高収益であり，地域社会への経済的な還元性も高いということも明らかにされた．奥田氏らのヒアリング調査によると，アブラヤシで4～6名程度の家族が1年間暮らしていけるとされる．また，アブラヤシプラン

テーションの輸出向け農業は，マレーシア農業のなかのみならず，経済発展にとってもきわめて重要性の高い作物であり［岩佐 2005］，国家的にプランテーション化施策が推し進められてきたのも事実である．たとえば，マレーシア第三次国家農業政策では，アブラヤシやゴムなどの木質系産業を重要な外貨獲得資源として位置づけ，民間資本を導入し，その栽培面積は，2001 年において国土の 16％（527 万ヘクタール）に達している［立花 2004］．とくにパーム油[4)]の生産量は 2006 年で 1600 万トン，輸出額は 52 億ドルとなり，世界の生産量の約半分を占めるに至っている［Data book of the World 2008］．

　このような背景のもと，意識調査やコンジョイント分析の両方において，農地開発あるいは農地転換は地域住民につよく支持され，熱帯林域の農地としての利用価値が高く評価されたのである．現地に住む人々のなかには，アブラヤシプランテーションを待望する人々が少なからず存在する［祖田 2008］ということがはっきりと示された結果といえる．しかし，冒頭でも述べたように，森林消失の主因は農地開発であり，熱帯林保護の観点からいえば，このような状況を放置しておくと熱帯林は本当に消失してしまうだろう．アブラヤシの問題は熱帯林の破壊や多様な生態系の消失といった環境問題であり，大量生産による効率性と合理性が優先する経済システムの問題［岡本 2004］なのである．森林のエコシステムサービス（あるいは非利用価値）が正当に評価され，それが経済システムの内に組み込まれていかない限り，このような問題を克服していくことは非常に困難である．たとえば，熱帯林を保護すること自体にも一定水準の経済的インセンティブが生じるよう，政策レベルにおいて，国内の経済構造やインセンティブ設計にメスを入れていくしかない．もしくは，第 1 章での言葉を借りれば，「エコシステムサービスを保全することによるクレジットを担保するシステム，あるいはここから生じる利益をさまざまなセクターにクレジットとして供与するような開かれたシステム」が必要である．このような本質的な改革に早急に着手しないかぎり，国民の多くが熱帯林の保護政策に賛同し，結果的に熱帯林の消失を食い止めるという状況をつくり出していくことは

おそらく困難であろう．

　農山村部のデータは，オランアスリ村からプランテーション入植地に至るまで，かなり多様な地点で得たものであるため，回答者（被験者）の個人特性のばらつきの大きいことが考えられた．そこで農山村部データについては，個人間の選好の異質性を考慮しかつ IIA 特性を緩和するモデルすなわちランダムパラメータロジットモデル，潜在クラスロジットモデルを適用した．

　まずランダムパラメータロジットモデルを用いると，条件付きロジットモデルに比べてモデル説明力が大きく改善した．そして，個人間で選好のばらつきがあり，各個人の職業が選好に影響していること，所得と支払意志額の間にはほとんど相関のないことが明らかになった．

　つぎに潜在クラスロジットモデルを用いると，さらにモデル説明力が改善した．そして，森林の諸機能に対する認識により，4つの異なった選好集団にわかれることが分かった．それは，

　熱帯林のエコシステムサービスの価値を評価し，保護することを求める（15%）
　熱帯林のエコシステムサービスの価値は認めるが，現状維持を望む（14%）
　熱帯林の利用価値を評価し，農地転換を求める（48%）
　熱帯林の利用価値を評価し，商業伐採を求める（23%）

の4つである．（　）内は集団の規模である．熱帯林の保護派は，全体の15%を占める程度の小さな集団だが，熱帯林を保護することで保全されるそのエコシステムサービスあるいは非利用価値に対する評価額は，他の集団の3-5倍ほどもある（表1参照）．ϕ 値も 1 を下回った（表3参照）．また，最小の集団となった現状維持派は，土地改変政策に抵抗のある集団であり，総じて支払意志額の水準が低くなっている（表1）．ただし ϕ 値が低い（表3）ことから，保護派と同じく，熱帯林およびそのエコシステムサービスの保全価値を評価してい

ることが分かる．農地転換派は，全体の過半数を占める最大の集団であり，農地としての利用価値に対する評価額が熱帯林保護の価値に対する評価額の倍以上になった（表1）．φ値も1を大きく上回っている（表3）．商業伐採派においては，生産林としての利用価値に対する評価額がこの集団のみ正の値となり，ここでも利用価値に対する評価額が熱帯林保護の価値への評価額を上回った（表1）．

　熱帯林域の森林政策や土地利用政策について考える場合，地域住民をはじめ，より多くの利害関係者の視点を考慮することは重要だが，以上の潜在クラスロジットモデルの分析でも明らかなように，彼らの選好構造は決して単純な構造にはなっていない．森をめぐって多方面の問題を検討し，政策として立案し，地元ごとによりよい解決に向けての指針を得ようとする場合，利害関係者が錯綜していることに気付かされる［秋道 2007］ことは多い[5]．森と人とのつながりはさまざまであり，利害関係や選好構造はきわめて複雑化しているのである．たとえば，先の4つの選好集団間における利害の対立は容易に想像できる．最終的な合意形成に至るには，利害関係者間における，相当の労力を伴った話し合いが必要であろう．

　これらの対立を緩和し，合意形成を行っていくには，第1章での言葉を借りると，まず，「生態系から得られるサービスがどのようなもので，それが地域社会経済とどのように関わりうるのかという点についてよく整理する必要がある」のである．この整理作業にはあらゆる学問分野からのとりくみが必要となるが，その一助として本研究のようなアプローチを援用すれば，住民の選好構造をある程度可視化でき，これを活用しながら効果的な合意形成に取り組むことも可能となる．住民の選好集団の構造や特徴およびその規模をあらかじめ想定したうえで合意形成に取り組む場合と，そうでない場合とでは，合意形成の進捗度合に多少なりとも違いが生じることは明らかであろう．このような意味において，本研究のようなアプローチの必要性があらためてたしかめられる．

　さらに，このような合意形成の場に誰が参加するべきなのかということについて考えることが重要であるが，このことについて，あるいは「地域森林ガバ

ナンス」の主体は誰であり誰がかかわるべきなのかということについては，地域ごとに試行錯誤しながらよりよい仕組みを設計し合意を得るしかない［井上 2007］のである．しかしながら，たとえば，すべての利害関係者による平等な参加をおこなうと，多数派あるいは政治力のある人々の意見が政策として採用されてしまうし，逆に，森は地域住民だけのものであるという偏狭な地元主義も説得力を持たない［井上 2007］ものである．それぞれの地域の特性に応じた住民参加の仕組みづくりが求められよう．

これらの合意形成にかかわる1つの解決策として，井上［2004，2007］では，「協治」の思想を提案している．「協治」の思想とは，地元住民が地域の環境や資源を外部へ開く意思である「開かれた地元主義」と，当該地域の環境や資源に対するかかわりの深さに応じた発言権を認めようという理念である「かかわり主義」に基づいて，地元住民を中心とする多様な利害関係者の連帯・協働による環境や資源の管理を望ましいとする考えのこと［井上 2007］である．このような思想に基づく地域社会のシステムが，じっくりと時間をかけながらその地域にうまく浸透していけば，複雑に錯綜する利害関係者間の対立も着実かつ適切に整理されていくことが大いに期待される．

熱帯林の問題を解決していくためには，社会経済的な背景に着目することも大切なことから，自然科学的なアプローチだけではなく，社会科学的なアプローチも不可欠であるということはすでに指摘してきた．これまで本書で紹介したような方法も社会科学的なアプローチのひとつであるが，いくぶん実験的な側面も持ちあわせており，その意味で未だいくつかの検討課題が残されている．今後は，このような研究分野や，合意形成および住民参加，社会関係資本といった研究分野を含め，さまざまな社会科学的アプローチによる研究の集積が期待される．

最後に，アンケート調査の過程で得られた，地域住民たちの'生の声'を伝えて，本書を終えることにしたい．

終　章　熱帯林の価値を問う

自由記述内容	地域	人種	性別	年齢
もっと森林を保護してほしい	Seremban	中国系	男	20-24
政府は適切な土地活用をしてほしい．開墾はもうしないでほしい	〃	〃	〃	30-34
政府にもっと森林に関心を持って欲しい	〃	〃	〃	45-49
伐木の輸出を減らしてほしい	〃	〃	〃	45-49
より多くの森林を保護して農地を増やすべきだ	〃	〃	〃	50-54
環境保護だけでなく，国立公園を作って観光地にしてほしい	〃	〃	女	20-24
利益のためではなく，正しい活動をしてほしい	〃	〃	〃	20-24
もっと余暇を楽しめる公園を作ってほしい	〃	〃	〃	20-24
伐採地を増やしてほしい	〃	〃	〃	25-29
私たちの健康のために森林と植物と木を守ってほしい	〃	〃	〃	25-29
木を切りすぎないようにしてほしい	〃	〃	〃	30-34
もっと農地を増やすべきだ	〃	〃	〃	35-39
伐採林をもっと増やせば労働者の賃金が増える	〃	〃	〃	45-49
政府に市民やNGOの意見を聞いてほしい	〃	〃	〃	45-49
森林を守るための措置をもっと取るべきだ	〃	〃	〃	50-54
きれいな空気を守るためにもっと森林地域を増やすべきだ	〃	〃	〃	55-60
森林は観光産業に貢献するだろう	〃	マレー系	男	20-24
森林をどう扱うべきかの質問も作ってほしい	〃	〃	〃	20-24
空気を浄化するためにもっと植林した方がよい	〃	〃	〃	25-29
森林を簡単に伐採することはできない	〃	〃	〃	35-39
農地を減少させてもマレーシア国民にとっては問題ない	〃	〃	〃	35-39
森の植物を守るために計画を続けてほしい	〃	〃	〃	35-39
森林についての人々の意見を調査することは良いことだ	〃	〃	〃	40-44
森林を守ることは私たちにとってとても重要だ．森林は新鮮な空気を私たちに与えてくれる．森林伐採を続けると，次世代に森林を将来残すことができない	〃	インド系	男	20-24
私たちがもっと森林を守るべきだ	〃	〃	〃	25-29

このアンケートが森林保護に貢献してほしい	〃	〃	女	30-34
たくさんの機関がマレーシアの土地活用に関心を持っていると知ってうれしい	〃	〃	女	45-49
森林を守るためにもっと効率的な計画をすべきだ	Bahau	中国系	男	20-24
とてもよい．この計画は，森林を増やすことができる	〃	〃	〃	20-24
計画はみんなのために実行されるべきだ	〃	〃	〃	20-24
次の世代のために保護林を増やして欲しい．輸出を増やすためにゴム農園とoil palmを増やしてほしい	〃	〃	〃	35-39
この調査は熱帯林についての人々の関心を増すだろう	〃	〃	〃	40-44
材木はもっと保護されるべきだ．小さな木を伐採してはならない	〃	〃	〃	40-44
将来の世代のために森林を保護すべきだ	〃	〃	〃	40-44
自然林は開発以外のためにも維持されるべきだ	〃	〃	〃	45-49
気温を下げるために保護林を増やしてほしい	〃	〃	〃	50-54
保護林を増やしてほしい	〃	〃	女	30-34
森林が汚染されないよう守ってほしい	〃	〃	〃	35-39
この計画をマレーシアの森林の利益のために実行してほしい	〃	〃	〃	50-54
森林が足りない．もっと監視すべきだ	〃	マレー系	男	20-24
人々の関心を呼び起こすのにとても良い	〃	〃	〃	30-34
森林を保護すべきだ．立ち入り禁止区域を設けるべきだ	〃	〃	〃	30-34
森林破壊を防ぐためにとてもよい	〃	〃	〃	35-39
効果についても調べてほしい	〃	〃	〃	40-44
この調査の目的が分からない	〃	〃	〃	55-60
次世代のためにマレーシアの森林を残すべきだ	〃	〃	女	30-34
違法な開発から森林は守られなければならない	〃	〃	〃	30-34
森林を正しく保護してほしい	〃	〃	〃	35-39
森林を開発から守ってくれて感謝している	〃	〃	〃	40-44
保護林を増やすべきだ	〃	〃	〃	50-54
無差別に伐採しないでほしい．森林は保護されるべきだ	〃	〃	〃	55-60
保護林をもっと守ってほしい．次世代の余暇の中心地となるように開発してほしい	〃	インド系	男	40-44
すべてのマレーシアの市民は森林をもっと愛することだ	〃	〃	〃	40-44

終　章　熱帯林の価値を問う

意見	場所	民族	性別	年齢
森林を守るために良い	〃	〃	〃	45-49
森林を保護するだけでなく，不法に侵入されないように監視すべきだ	〃	〃	〃	50-54
私たちは熱帯林について多くを知っている	〃	〃	女	25-29
税の家計への影響が十分に含まれていない	Sg. Pertang	中国系	男	20-24
農産品の価格に関する質問を作ってほしい	〃	〃	〃	25-29
人々が抱える問題を知ることは良いことだ	〃	〃	〃	25-29
緑の地球を維持すべきだ	〃	〃	〃	40-44
次世代のために森林保護を続けてほしい	〃	〃	〃	45-49
水源だけでなく，観光地としても保護林にもっと植林すべきだ	〃	〃	〃	50-54
森林を人々の水源としてだけでなく，涼しくなるようにもっと保護すべきだ	〃	〃	〃	55-60
良い	〃	〃	女	20-24
浸食を減らすために険しい丘の部分は開発しないようにしてほしい	〃	〃	〃	25-29
森林の現状を知るのは良いことだ	〃	〃	〃	25-29
違法な土地の問題についての質問を作ってほしい	〃	マレー系	男	30-34
薬のための森林をもっと増やすべきだ	〃	〃	〃	40-44
問題を解決するために森林地域を優先すべきだ	〃	〃	女	30-34
調査はよいがもっと簡潔な文章にすべきだ	〃	オランアスリ	男	40-44
森林を守るために伐採をやめてほしい	〃	〃	女	30-34
自然環境汚染のためでなく，人々の仕事の機会を確保するために農地を増やすべきだ	FELDA	マレー系	男	20-24
森林保護のための計画を拡張するのはよい	〃	〃	〃	20-24
森林が存続するように保護することは良いことだ	〃	〃	〃	25-29
この国で伐採をやめて，もっと森林を保護すれば森への観光客が増える	〃	〃	〃	30-34
森林の利点と不利な点についての質問を作ってほしい	〃	〃	〃	30-34
みんなの利益のために	〃	〃	〃	35-39
洪水を引き起こさないように森林を保護すべきだ	〃	〃	〃	35-39
森林を保護することは健康な生活だけではなくヤシ動物の保護にもなる	〃	〃	〃	45-49

森林の木を保護してほしい	〃	〃	〃	45-49
もし森林がなければ人間以外の生物はマレーシアに生息していない	〃	〃	〃	45-49
森林は伐採すべでない．森林はこの国への観光客をもっと惹きつける次世代のために保護すべきだ	〃	〃	〃	50-54
この国の森林産品をもっと増やしてほしい．保護活動はもちろんするべきだ	〃	〃	〃	55-59
保護林は次世代のためにもっと拡張されるべきだ	〃	〃	〃	55-59
グローバルコミュニティのための利益	〃	〃	〃	55-60
未来の世代のために森林を保護してほしい	〃	〃	女	20-24
森林は保護すべきだ	〃	〃	〃	20-24
森林をきれいにするための計画を発展させてほしい	〃	〃	〃	20-24
マレーシアの森林を知ることができた	〃	〃	〃	20-24
森林の状態を改善することはよいことだ	〃	〃	〃	20-24
森林は保護されるべきだ．伐採された木に変わるようにもっと植林すべきだ	〃	〃	〃	20-24
森林とその美しさを保護すべきだ	〃	〃	〃	25-29
もっと伐採林をしっかり監視してほしい	〃	〃	〃	40-44
私たちは保護林を維持しなければならない．もっと保護林を増やさなければならない	〃	〃	〃	45-49
この国の森林がどれほど私たちにとって重要か知ることができた	〃	〃	〃	50-54
森林の現状を維持してほしい	Orang Asli	オランアスリ	男	20-24
森林がずっと維持されるように保護するのは良いことだ	〃	〃	〃	25-29
土地についての将来の問題を知ることはよいことだ	〃	〃	〃	30-34
私たちの国の森林の緑を維持することによって得られる利益	〃	〃	〃	30-34
これまでのような森林伐採はもうやめてほしい．次世代のために森林を残してほしい	〃	〃	〃	30-34
市民から情報を得ることは良いことだ	〃	〃	〃	30-34
森林が保護されているのであればよいことだ	〃	〃	〃	35-39
違法な森林伐採をやめてほしい	〃	〃	〃	40-44
森林の状態を知ることは良いことだ	〃	〃	〃	45-49

終 章 熱帯林の価値を問う

森林を保護することは重要だ	〃	〃	〃	45-49
伐採を止めれば，森林と野生動物を保護することができる．そして，次世代も野生動物が森林に生息することを知ることができる	〃	〃	〃	50-54
もっと農地を増やしてほしい．新しい土地を開放してほしい	〃	〃	〃	55-60
次世代のために森林を保護してほしい	〃	〃	〃	55-60
森林の現状を知ることができた	〃	〃	〃	55-60
農産品の価格を上げることについての質問も作ってほしい	〃	〃	〃	55-60
森林の将来を保証するのはよいことだ	〃	〃	女	20-24
絶滅しないように森林を保護するのは良いことだ	〃	〃	〃	20-24
保護地を残してほしい	〃	〃	〃	25-29
森林を保護すべきだ	〃	〃	〃	25-29
森林の現状を知ることができた	〃	〃	〃	25-29
私たちの国の森林を保護することができた	〃	〃	〃	25-29
将来の計画について知ることができた	〃	〃	〃	30-34

注

1) マレーシアは人口約 2520 万人，1 人当たり GDP は約 4200 ドル（日本の約 11％程度）である［FAO, State of the World's Forests 2007］．農業従事者は約 177 万人［Data book of the World 2008］．貿易については，以前は一次産品の輸出が中心だったが，1980 年代以降は輸出志向型工業化政策を推進し，電気・機械の輸出が主となっている［Data book of the World 2008］．

2) ただし第 5 章でも指摘したようにこの評価（支払意志額）の水準は対所得比率からみても決して高くない．たとえば農山村部の評価結果から 1 ヘクタールあたりのマレーシアの熱帯林の割引現在価値を算出する（割引率 4 ％，全世帯数 437 万世帯）と，約 500 ドルとなる．この額は，Costanza et al. ［1997］で評価された額（約 1 万 5000 ドル）の 30 分の 1 に過ぎない．

3) 生産林属性に対する評価は，ほとんどが負の評価であったためここでは除いた．ただし潜在クラスロジットモデルにおける商業伐採派においてのみ正の評価であったためこの値については加えた．

4）アブラヤシから採れるパーム油は食用油やマーガリン，シャンプーなど幅広く利用される．
5）利害関係者としては，森林を生活のために利用してきた住民，森林を管理する地元の政府ないしは森林関係の行政者，森林開発を私企業のために進めるデベロッパー，森林の生物多様性を守るための国際的 NGO 等，古い昔から森林に生息してきたさまざまな生き物が含まれる［秋道 2007］．

あ と が き

　今から10年近く前，1999年6月20日，私はマレーシアの熱帯林を視察するために日本を発った．

　この旅行に先立って，私は，当時国立環境研究所にいた奥田敏統氏の熱帯林プロジェクトに，経済評価の担当として加わっていた．経済評価をするためには，なによりも熱帯林そのものを知らなければならないということで，奥田氏にお願いして連れて行ってもらうことにした．私には，経済評価のためという表向きの理由のほかに，私自身，どうしても熱帯林という世界を体験してみたいという隠れた動機があった．環境問題・政策を研究対象として10年以上の年月を経て，熱帯林の重要性は相当に認識していた．また，森というものに対する漠然としたあこがれのようなものは常に持っていて，国内の多くの森を歩いてきたが，森の究極の姿が熱帯林にあると思っていた．

　マレーシアの空港に近づくと眼下一面にパーム油のための植林地が広がっていた．クアラルンプールからプロジェクトが研究対象としているパソ（Pasoh）という名の保護林地帯に向かう．道路沿いは，日本の様子に近いところもあるが，日本では考えられない高木が林立している場所がある．パームの実を満載した車，伐採された熱帯林をいっぱいに積んだトラックとすれ違う．バイクの数が異様に多い小都市を過ぎて目的とする州に入る．

　いよいよ熱帯林に入ることになった．われわれは，列を作って熱帯林の中に入っていった．

　保護林であるパソの熱帯林は，おそらく極相状態にあるのだろう．他よりも頭を出すことによってより多く光をとらえようと高木が林立し，光のおこぼれを取るように次の植物たちが層を作り，地表まで到達する光はわずかになって

いる．また，しばらく前に降った雨水が乾ききらないために落葉に覆われた地表は十分な湿気を帯びている．

　時折，巨木が倒れている．よく知られているように，熱帯林の巨木は板根を広げていて，まるでロケットのような姿をして立っている．それでも根元から折られたように倒れている．もともと，熱帯林の巨木が板根をもつのは，土壌の層が薄いためだと聞いている．実際に土を掘ってみたが，十数センチ余り掘ると，表面の土壌とは違う層につきあたって手ではそれ以上掘れなくなる．これほどまでに土の層が薄いのは，高温のために植物の分解が早く，土壌の層を厚く形成できないためだという．

　沼があった．雨の時に周りから土が流れ込むのか，薄く濁っている．それにもかかわらず，風が吹かないせいか，水面がきれいな鏡になっていて，周りの樹木を映している．また，その水面に，複雑な植物たちの層を潜り抜けてきたスポットライト状の光がぶつかって，ぼんやりとした輪郭をまばらに作り出している．あたかも，光の爆弾が，水面で爆発したかのようだ．

　この沼の中に，研究者が渡るための橋を渡している．その人工的な光景に違和感を覚えたが，そこで私は，両手を大きく広げて，熱帯林に圧倒され萎縮していた精神と肉体を，もう一度広げようとした．

　やがて目的としていた場所の1つに到着した．

　奥田氏らのプロジェクトが熱帯林観測のために作成したタワーがあった．階段と小さなフロア以外はパイプで組み上げられた50メートルの高さの鉄塔だ．30メートル付近までは3本の小タワーが組まれ，そのうちの1本のタワーがさらに20メートルほど伸びている．小さな階段がその頂点まで小刻みに組み込まれているが，安全に対する配慮がされているとは思えない．階段に落下を防止する枠はなく，一本のパイプが手すりとしてあるだけで，階段を踏み外せば落下して，下手すれば命を落とすだろう．

　このタワーを見るためにここまで来たのではないことは明らかだ．奥田氏は，

私がここに昇ることを前提にしている．

　階段を昇るのに先立って奥田氏は言った．
「床に先に手をかけることはしないように．ヘビがいるかもしれないので．」
　フロアは，人の背丈ほどの高さしかない．昇りきると小さな床がある．それが繰り返されて 50 メートルの高さを昇る．それぞれの床に先に手をつけるなというわけである．小さな恐怖に襲われたが，注意すればなんとかなる程度のものではあった．
　まず，30 メートルの中間地点までのぼる．中程度の高さの樹木の樹冠がある．高木の樹冠はさらに上で，まだ，熱帯林が眼下に見えるという状況ではない．それでも，かなりの高さである．3 本のミニタワーが通路でつながっている．
　ここまではまだ余裕があった．しかし，それからまた，20 メートルも伸びているタワーを見て慄然とする．1 本の細いタワーが，熱帯林を突き抜けて，天空に伸びているように見える．本来銀色に輝いているパイプが，空の光りの影になり暗いシルエットになっている．そこには，それまでと同じように背丈ほどの階段が連なっている．それは，たとえば，巨大な草食恐竜の首の骸骨のようなものである．同じように，パイプの手すりしかない裸の階段で，何かの拍子に階段を踏み外して落下したら，今度は確実に死亡する．

　最後のタワーは，1 本のみであるから，重量制限があるのだろう．昇るのは私と奥田氏の 2 人である．周りを見る余裕はない．また，周りを見れば高さからくる恐怖に打ちのめされたかもしれない．ただ，一歩ずつ階段を確かめながら昇っていく．やがて頂上に着いた．
　奥田氏と 2 人で，パイプの中に作られた席に並んで座る．その狭い区画には，いくつかの観測機も据え付けられていた．
　昇りきった充実感を味わう余裕もなく，広がる光景に息をのむ．熱帯林の多

様な樹冠が延々と広がっている．遠くはかすんでいる．このタワー以外，視界の中に人工物は一切ない．この高さにありながら，微風がただようだけである．誰かが風の音すら立てないように配慮しているように思える．時々，ホエザルの鳴き声が聞こえてくるが，それが逆に静寂さを際立たせる．

　遠い昔から，今ここに見えるように存在し続けてきた森が広がる．茫漠とした熱帯林の海の中に，ぽつねんと自分が浮かび上がっている．あり得ない光景，あり得ない存在．ならば自分か神なのだろうかと思ったりする．世界観がゆがむような感覚にとらわれる．自分も含めそのただ中にいる競い合いに満ちた日々の暮らしが無意味だと思えてくる．勝ち残ることよりも，自分らしく生き続けることのほうが大切だという思いが募ってくる．

　パソの自然林を後にして，われわれはマレーシアにある生産林に向かった．生産林とは，木材を切り出すための森である．
　小太りの管理人がわれわれを笑顔で迎えた．
　伐採され10メートルほどの長さに切りそろえられた木材の蓄積場を見る．直径，数十センチの材が積み重ねられた山があり，また，直径が1メートルはある材が積み重ねられた山もある．
　伐採の現場に案内される．この生産林は，きちんと管理されているようだ．まず，乱伐がおこなわれないように，伐採してもよい木には，政府の許可を示すタグがつけられ，それ以外の木は伐採の対象にはならないという．皆伐ではなく選択的伐採である．伐採してもよいような大きな木が森の中に散らばっている．実際伐採されたばかりの木株もある．管理されているとはいえ，伐採の跡は無残だ．
　重機が通る道路が森の中を貫いている．その道路に沿って伐採される樹木があるわけではない．外れたところにある巨木が切られ，そこからチェーンを付けて道路まで引きずり出さなければならない．それを実現するために小さな樹木が切られる．切るまでもない小さな木は，巨木が引きずり出される間に，な

ぎ倒される．

結果として，道路に沿って伐採され引きずり出された跡がいたるところにできるというわけである．

それで，このような選択伐採であっても，森は失われていくといえるか？私はそうは思わなかった．熱帯多雨林における樹木の生長は恐ろしく速い．この森も，土が残される限り再生力を失ったりはしない．選択伐採では，どれほど森が傷んでも，土壌流出はそれほど多くないと感じたのである．

私が見た熱帯林は，確かに自然林ではあるが，すでに人の踏み歩いた痕のある場所だった．その周辺には，おそらく，人が歩いたことのない本当の熱帯林もたくさんあったはずである．それは，不毛の大地に人が訪れたことのない自然が残っていることとは違う意味がある．熱帯林では，そこにそそがれた太陽光が最大限利用されている．生物の呼吸のために利用され，廃熱化（エントロピー化）されている．徹底的な廃熱化のために，多様な生物が巧妙な相互依存関係を形成しているのだ．

無数の生物が，あるべくして，この熱帯林という世界の中で生きている．その中には人に知られていない新種も少なからずいるだろう．さらに，その相互依存関係の実際は，人が知りつくすことはできないくらいに複雑なはずである．

1つ確実なことがある．この熱帯林の持続するうえで，人間という種は，構成要素とはならないということである．

このような熱帯林を破壊することは，次のような意味を持っている．

第1に，地球上に存在する強力な廃熱（エントロピー）発生機構を失うことである．これは機能的な意味である．それによって気候に影響を与え，大気や水のグローバルな物質循環を乱すことになる．

第2に，多様な生物種の持続機構を失うことである．こちらは生物の存在論的な意味といってよい．また，熱帯林という人間にとって異界である場に封印されていた多様な生物を解き放つ意味も持っている．

熱帯林は多くの人々にとって，かけがえのないくらいに大切な存在である．
　「大切」という言葉は，人間の側から見た主観的な言葉である．「熱帯林は，客観的に見て大切である」というような言い方もできるが，これは客観性の定義に依存する．たとえば，1人の人間あるいは一部の人間にとって大切な場合は，客観的と言わないが，多数の人間にとって大切な存在であれば，その大切さは個人の主観を離れた客観的なものであるということもできるからだ．しかし，それでも「大切な存在である」という評価の主体は人間である．
　人は大切さの程度を「価値」という言葉で表そうとする．すると「では熱帯林はどの程度の価値なのか？」という問いが出されるかもしれない．しかし，まず，このような問いに意味があるのかという疑問が生ずる．あるいは，熱帯林の価値の水準など測ることなどできないという考えも有力である．
　これは熱帯林を「人の命」という言葉に置き換えて考えるとわかりやすいかもしれない．人の命はどの程度大切なのか？という問いを考える．このような問いに意味があるのか，あるいは，人の命の価値など図ることができるのかという疑問が生ずる．もし，「人の命は地球より重い」などと言ってしまえば，それは人の命の価値を測ることなど無意味だと言っているのに等しい．
　知っておくべきことは「絶対的な価値」あるいは「固有の価値」は存在せず，価値は常に相対的なもの，何かと比べての価値しかあり得ないということである．もし，熱帯林の大切さを価値で表そうとするばあい，それが比較不能の大切さならば，価値という言葉で言い換えてはならない．

　「熱帯林はいくらか？」あるいは「熱帯林の貨幣価値（経済価値）はどの程度か？」という問いには意味がある．
　それは「人の命はいくらか？」という問いに意味があるのとよく似ている．実際，人の命の貨幣価値は日常的に計算されている．交通事故で人が死んだときなど，過失によって人を死に追いやったときに人の命はいくらであるか調べ

られている．このような場合に，人の命の貨幣価値はわからないなどと言っていては，問題を解決することができない．

　熱帯林を破壊するならば，その貨幣価値にふさわしい貨幣額を生み出さなければならない．もし熱帯林が，単にそこに生育する樹木の経済価値に等しいならば，それらを伐採すれば，熱帯林の貨幣価値は実際に生み出され，伐採には意味があることになる．しかし，もし，樹木の経済価値以外の経済価値が熱帯林にあるならば，それにふさわしい価値を生み出さない限り，あるいは，その生み出された価値とほかの場で価値の損失が回避できたものの合計が，熱帯林の経済価値を上回らない限り，熱帯林は伐採してはならない．

　熱帯林には，そこに存在している材や，有用動植物の貨幣価値以上の経済価値がある．たとえば，その森林を保護するために人々が支払ってもよいという貨幣額もその経済価値の一部と考えられる．本書では，その価値が分析されている．

　ただ，それらの価値で，人々が熱帯林に対して抱いている「大切さ」の感情，あるいは価値意識のすべてが表現されているわけではない．あくまでもそれは経済価値なのである．

　日本人は，歴史的に長く生きている樹木や森を畏怖する気持ち，あるいはそこに例を感じる心を持っていた．近代化の過程で，森が開かれ道路や建物に変わっても，日本人としての文化は綿々と続いている．都市生活者の増大が，このような日本人的文化に接する機会を少なくしているという事実はあるが，文化はさまざまなルートから人々の心に浸入してくる．

　天皇の宣旨のもとに鎌倉時代初期に編さんされた『新古今和歌集』などは，全編に日本人の自然観，あるいは自然と一体化した心の表現があふれている．それらは完璧なまでに洗練された，あるいは昇華された言葉で表されている．そこには自然を支配するものとしての人間のおごりはない．人間を越えた平等感，自然の繰り返しとの同期化，生きとし生けるものに対する慈しみの心があ

らわれている．

　極めつくせない複雑さ，微妙なバランスの中にある熱帯林を，持続し守っていくためには，可能な限りの科学的知見を基にした保護政策だけではなく，日本文化の中にあるこのような精神の普遍化が不可欠であるように思う．

　2009 年 1 月 30 日

鷲 田 豊 明

参 考 文 献

Adamowicz, W., Boxall, P., Williams, M. and J. Louviere (1998) "Stated Preference Approaches for Measuring Passive Use Values: Choice Experiments and Contingent Valuation," *American Journal of Agricultural Economics*, 80, pp. 64-75.
Adamowicz, W., Louviere, J. and M. Williams (1994) "Combining Revealed and Stated Preferences Methods for Valuing Environmental Amenities," *Journal of Environmental Economics And Management*, 26, pp. 271-92.
Adger, W. N., Brown, K., Cervigni, R., and D. Moran (1995) "Total Economic Value of Forests in Mexico," *Ambio*, 24, pp. 286-96.
Ashton, P. S., Okuda T., and N. Manokaran, (2003) "History in ecological studies in Pasoh Forest Reserve," in Okuda, T., Niiyama, K., Thomas, S. C. and P. S. Ashton eds., *Pasoh: Ecology of a Rainforest in South East Asia*, Tokyo: Springer, pp. 1-13.
Boxall, P., Adamowicz, W., Williams, M. Swait, J. and J. Louviere (1996) "A comparison of stated preference methods for environmental valuation," *Ecological Economics*, 18, pp. 243-53.
Boxall, P. W. and W. L. Adamowicz (2002) "Understanding Heterogeneous Preferences in Random Utility Models: A Latent Class Approach," *Environmental and Resource Economics*, 23, pp. 421-46.
Brown, K. and D. W. Pearce eds. (1994) The Causes of Tropical Deforestation: *The Economic and Statistical Analysis of Factors Giving Rise to the Loss of the Tropical Forest*, London: University College London Press.
Carlsson, F. and P. Martinsson (2001) "Do Hypothetical and Actual Marginal Willingness to Pay Differ in Choice Experiments?" *Journal of Environmental Economics and Management*, 41, pp. 179-92.
Carlsson, F., Frykblom, P. and C. Lagerkvist (2005) "Using Cheap Talk as a Test of Validity in Choice Experiment," *Economics Letters*, 89, pp. 147-52.
Carson, R. T., Hanemann, W. M., Kopp, R. J., Krosnick, J. A., Mitchell, R. C., Presser, S., Ruud, P. A. and V. K. Smith with Conaway, M. and K. Martin (1998) "Referendum Design and Contingent Valuation: The NOAA Panel's No-vote Recommendation," *Review of Economics and Statistics*, 80, pp. 484-87.
Costanza, R. and Neil, C. (1981) The energy embodied in the products of the biosphere, in Mitsch, W. J., Bosserman, R. W. and J. M. Klopatek eds., *Energy and ecological modeling*, New York: Elsevier, pp. 745-55.
Costanza, R., d'Rage, R., de Grout, R., Farber, S., Grass, M., Hannon, B., Limburger, K., Name, S., O'Neill, R. V., Paulo, J., Ruskin, R. G., Sutton, P. and M. van den Belt (1997)

"The value of the world's ecosystem services and natural capital," *Nature*, 387, pp. 253-60.

Cummings, R. G. and L. O. Taylor (1999) "Unbiased Value Estimates for Environmental Goods: A Cheap Talk Design for the Contingent Valuation Method," *American Economic Review*, 89, pp. 649-65.

Daily, G. C., Alexander, S., Ehrlich, P. R., Goulder, L., Lubchenco, J., Matson, P. A., Mooney, H. A., Postel, S., Schneider, S. H., Tilman, D. and G. M. Woodwell (1997) "Ecosystem services: benefits supplied to human societies by natural ecosystems," *Issue in Ecology*, 2, pp. 1-16.

Dhar, R. and I. Simonson (2003) "The Effect of Forced Choice on Choice," *Journal of Marketing Research*, 40, pp. 146-60.

FAO ed. (2007) *State of the World's Forests*, Rome: FAO.

Freeman III, A. M. (2003) *The Measurements of Environmental and Resource Values: Theory and Methods* 2nd ed., Washington D. C.: Resource for the Future.

Greene, W. H. (2003) *Econometric Analysis* 5th ed., Upper Saddle River, N. J.: Prentice Hall (斯波恒正・中妻照雄・浅井学訳『改訂新版 グリーン計量経済分析』エコノミスト社).

Greene, W. H. and D. A. Hensher (2002) "A latent class model for discrete choice analysis: contrasts with mixed logit," *Working paper*, Institute of Transport Studies (The University of Sydney and Monash University).

Haab, T. C. and K. E. McCnnell (2002) *Valuing Environmental and Natural Resources—The Econometrics of Non- Market Valuation—*, Cheltenham: Edward Elgar.

Hanemann, W. M. (1992) "Preface: Notes on the History of Environmental Valuation in the USA," in Navrud, S. eds., *Pricing the Environment: The European Experience*, Oxford: Oxford University Press, pp. 9-35.

Hanemann, W. M. and B. J. Kanninen (1999) "Statistical Analysis of Discrete-Response CV Data," in Bateman, I. J. and K. G. Willis eds., *Valuing Environmental Preferences: Theory and Practice of the Contingent Valuation Method in the US, EU, and Developing Countries*, Oxford: Oxford University Press, pp. 302-441.

Hanley, N., Macmillan, D., Wright, R., Bullock, C., Simpson, I., Parrsisson, D. and B. Crabtree (1998) "Contingent Valuation versus Choice Experiments: Estimating the Benefits of Environmentally Sensitive Areas in Scotland," *Journal of Agricultural Economics*, 49, pp. 1-15.

Hanley, N., Wright, R. and W. Admowicz (1998) "Using Choice Experiments to Value the Environment," *Environmental and Resource Economics*, 11, pp.: 413-28.

Hausman, J. A., Leonard, G. K. and D. McFadden (1995) "A Utility-Consistent, Combined Discrete Choice and Count Data Model: Assessing Recreational Use Losses Due to Natural Resource Damage," *Journal of Public Economics*, 56, pp. 1-30.

Henson, I. E. (1999) Comparative ecophysiology of oil palm and tropical rain forests, in Singh, G., Huan, L. K., Leng, T. and D. L. Kow eds., *Oil Palm and The Environment*, Kuala Lumpur: Malaysian Oil Palm Growers Council.

Herriges, J. A. and C. L. Kling ed. (1999) *Valuing Recreation and The Environment: Revealed*

Preference Methods in Theory and Practice, Cheltenham, UK: Edward Elgar.

Holmes, T., Alger, K., Zinkhan, C. and E. Mercer (1998) "The effect of response time on conjoint analysis estimates of rainforest protection values," *Journal of Forest Economics*, 4 (1), pp. 7-28.

Horowitz, J. and K. McConnell (2002) "A review of WTA/WTP studies," *Journal of Environmental Economics and Management*, 44, pp. 426-47.

Huber, J. and K. Zwerina (1996) "The Importance of Utility Balance in Efficient Choice Designs," *Journal of Marketing Research*, 33, pp. 307-17.

Kahneman, D., Knetsch, J. and R. Thaler (1990) "Experimental tests of the endowment effect and the Coase theorem," *Journal of Political Economy*, 98, pp. 1325-48.

Kamakura, W. and G. Russell (1989) "A Probabilistic Choice Model for Market Segmentation and Elasticity Structure," *Journal of Marketing Research*, 26, pp. 379-90.

Kenneth, E. T. (2003) *Discrete Choice Methods with Simulation*, Cambridge: Cambridge University Press.

Kramer, R. A. and D. E. Mercer (1997) "Valuing a Global Environmental Good: U. S. Residents' Willingness to Pay to Protect Tropical Rain Forests," *Land Economics*, 73(2), pp. 196-210.

Kramer, R., Mercer, E. and N. Sharma (1996) "Valuing tropical rain forest protection using the contingent valuation method," in Adamowicz, W. L., Boxall, P. C., Luckert, M. K., Phillips, W. E. and W. A. White eds., *Forestry, Economics and the Environment*, Wallingford, UK: CAB International, pp. 181-194.

Kumari, K. (1996) "Sustainable forest management: myth or reality? Exploring the prospects for Malaysia," *Ambio*, 25, pp. 459-67.

List, J. A. and C. A. Gallet (2001) "What Experimental Protocol Influence Disparities Between Actual and Hypothetical Stated Values? Evidence from a Meta-Analysis," *Environmental and Resource Economics*, 20, pp. 241-54.

List, J. and J. F. Shogren (2002) Calibration of Wilingness to Accept, *Journal of Environmental Economics and Management*, 43, pp. 219-33.

Loureiro, M. L. and J. Lotade (2005) "Interviewer Effects on the Valuation of Goods with Ethical and Environmental Attributes," *Environmental & Resource Economics*, 30, pp. 49-72.

Louviere, J. J. (1994) "Conjoint Analysis: In Advances in Marketing Research," in Bagozzi R., ed., *Principles of marketing research*, Cambridge, MA: Blackwell Publishers.

Louviere, J. J., Hensher, D. A. and Joffre, D. Swait (2000) *Stated Choice Methods Analysis and Application*, Cambridge: Cambridge University Press.

McFadden, D. (1974) "Conditional Logit Analysis of Qualitative Choice Behavior," in Zarembka, P., ed., *Frontiers in Econometrics*, New York: Academic Press, pp. 105-42.

Mercer, E., Kramer, R. and N. Sharma (1995) "Rain forest tourism: estimating the benefits of tourism development in a new national park in Madagascar," *Journal of Forest Economics*, 1 (2), pp. 239-69.

Mitchell, R. C. and R. Carson (1989) *Using Surveys to Value Public Goods*, Washington, D. C.: Resources for the Future.

Morey, E., R. D. Rowe, and M. Watson (1993) "A Repeated Nested-Logit Model of Atlantic Salmon Fishing," *American Journal of Agricultural Economics*, 75, pp. 578-92.

Myers, N. (1996) "The world's forest: problems and potentials," *Environmental Conservation*, 23, pp. 156-68.

Okuda, T. et al. (Adachi, N., Suzuki, M., Quah, E. S. and N. Manokaran) (2003a) "Effect of Selective Logging on Canopy and Stand Structure in a Lowland Dipterocarp Forestin Peninsular Malaysia," *Forest Ecology and Management*, 175, pp. 297-320.

Okuda, T., et al. (Suzuki, M., Adachi, N., Yoshida, K., Niiyama, K., Nur Supardi, M. N., Manokaran, N. and H. Mazlan) (2003b) "Logging History and Its Impact on Forest Structure and Species Composition in the Pasoh Forest Reserve ― Implication for the Sustainable Management of Natural Resources and Landscapes-," in Okuda, T, Niiyama K., Thomas, S. C. and P. S. Ashton eds., *Pasoh: Ecology of a Rainforest in South East Asia*, Tokyo: Springer, pp. 15-34.

Okuda, T., et al. (Suzuki, M., Numata, S., Yoshida, K., Nishimura, S., Niiyama, K., Adachi, N. and N. Manokaran) (2004a) "Estimation of Tree Above-ground Biomass in a Lowland Dipterocarp Rainforest, by 3-D Photogrammetric Analysis," *Forest Ecol and Management*, 203, pp. 63-75.

Okuda, T., et al. (Yoshida, K., Numata, S., Nishimura, S., Suzuki, M., Hashim, M., Miyasaku, N., Sugimoto, T., Tagashira, N. and M. Chiba) (2004b) "An ecosystem-management approach for CDM-AR activities: The need for an integrated ecosystem assessment based on the valuation of ecosystem services for forested land," in Okuda, T. and Y. Matsumoto eds., Kyoto Mechanism and the Conservation of Tropical Forest Ecosystem (Proceedings of the International Symposium/Workshop on the Kyoto Mechanism and the Conservation of Tropical Forest Ecosystems, 29-30 January, 2004, Waseda University, Tokyo Japan), pp. 67-78.

Panayotou, T. and P. Ashton (1992) *Not by timber alone-economics and ecology for sustaining tropical forests*, Washington D. C: Island Press.

Parsons, G. R. (2003) "Chapter 9 The Travel Cost Model," in Champ, P. A., Boyle, K. J. and T. C. Brown eds., *A Primer on Nonmarket Valuation*, Boston: Kluwer Academic Publishing, pp. 269-329.

Parsons, G. R., and M J. Kealy (1992) "Randomly Drawn Opportunity Sets in a Random Utility Model of Lake Recreation," *Land Economics*, 68(1), pp. 93-106.

Phaneuf, D. J., Kling, C. L. and J. A. Herriges (2000) "Estimation and Welfare Calculations in a Generalized Corner Solution Model with an Application to Recreation Demand," *Review of Economics and Statistics*, 82, pp. 83-92.

Provencher, B. K., Baerenklau, R. C. and R. C. Bishop (2002) "A finite-mixture logit model of salmon angling with serially-correlated random utility," *American Journal of Agricultural Economics*, 84, pp. 1066-75.

Provencher, B and R. C. Bishop (2004) "Does accounting for preference heterogeneity improve the forecasting of a random utility model? A case study," *Journal of Environmental Economics*

and Management, 48, pp. 793-810.
Rolfe, J., Bennett, J. and J. Louviere (2000) "Choice modelling and its potential application to tropical rainforest preservation," *Ecological Economics*, 35, pp. 289-302.
Rosen, S. (1974) "Hedonic Prices and Implicit Markets: Product Differentiation in Pure Competition," *Journal of Political Economy*, 82(1), pp. 34-55.
Shogren, J., Shin, S., Hayes, D. and J. Kliebenstein (1994) "Resolving differences in willingness to pay and willingness to accept," *American Economic Review*, 84, pp. 255-70.
Shyamsundar, P. and R. A. Kramer (1996) "Tropical Forest Protection: An Empirical Analysis of the Costs Born by Local People," *Journal of Environmental Economics and Management*, 31, pp. 129-44.
Swait, J. (1994) "A Structural Equation Model of Latent Segmentation and Product Choice for Cross-sectional, Revealed Preference Choice Data," *Journal of Retailing and Consumer Services*, 1, pp. 77-89.
Train, K. E. (2003) *Discrete Choice Methods with Simulation*, Cambridge: Cambridge University Press.
von Haefen, R. H., Phaneuf, D. J. and G. R. Parsons (2004) "Estimation and Welfare Analysis with Large Demand Systems," *Journal of Business and Economic Statistics*, 22(2), pp. 194-205.
von Haefen, R. H. and D. J. Phaneuf (2005) "Continuous Demand System Approaches to Nonmarket Valuation," in Scarpa, R. and A. Alberini eds., *Applications of Simulation Methods in Environmental and Resource Economics*, Dordrecht: Springer.
秋道智彌（2007）「森と人の生態史」，日高敏隆・秋道智彌編『森はだれのものか？　アジアの森と人の未来』昭和堂.
浅野耕太（1998）『農林業と環境評価――外部経済効果の理論と計測手法』多賀出版.
井上真（2003a）「森林消失問題への視座」，井上真編『アジアにおける森林の消失と保全』中央法規出版.
――（2003b）「森林管理への地域住民参加の重要性と展望」，井上真編『アジアにおける森林の消失と保全』中央法規出版.
――（2004）『コモンズの思想を求めて』岩波書店.
――（2007）「「協治」の思想で森とかかわる」，日高敏隆・秋道智彌編『森はだれのものか？アジアの森と人の未来』昭和堂.
井上真・酒井秀夫・下村彰男・白石則彦・鈴木雅一
――（2004）『人と森の環境学』東京大学出版会.
岩佐和幸（2005）『マレーシアにおける農業開発とアグリビジネス』法律文化社.
大野栄治編（2000）『環境経済評価の実務』勁草書房.
岡本幸江（2003）「アブラヤシ農園拡大政策の問題点」，井上真編『アジアにおける森林の消失と保全』中央法規出版.
奥田敏統（2002）「熱帯林――持続可能な森林管理をめざして」『環境儀』4.
栗山浩一（1997）『公共事業と環境の価値――CVMガイドブック――』築地書館.
――（1998）『環境の価値と評価手法――CVMによる経済評価――』北海道大学図書刊行会.

―――（2000a）「コンジョイント分析」，大野栄治編『環境経済評価の実務』勁草書房，pp. 105-32.
―――（2000b）「SPによる交通需要評価とその統計的効率性」『運輸政策研究』3(2)，pp. 2-8.
―――（2002）「地域住民にとっての熱帯林の価値」『TROPICS』11(4)，pp. 205-12.
―――（2003）「環境評価手法の具体的展開」，吉田文和・北畠能房編『環境の評価とマネジメント 岩波講座環境経済・政策学第8巻』岩波書店，pp. 67-96.
栗山浩一・庄子康（2005）『環境と観光の経済評価』勁草書房．
祖田亮次（2008）「サラワクにおけるプランテーションの拡大」，秋道智彌・市川昌広編『東南アジアの森に何が起こっているか』人文書院．
立花敏（2003）「木材産業の地域経済への貢献」，井上真編『アジアにおける森林の消失と保全』中央法規出版．
千原信良（2004）「マレーシアの経済と税制――マハティール後を見通して――」『国際税制研究』12，pp. 35-49.
鶴見良行・宮内泰介編（1996）『ヤシの実のアジア学』コモンズ．
土木学会土木計画学研究委員会編（1995）『非集計行動モデルの理論と実際』丸善．
永田信（2003）「森林資源の現状と森林の消失」，井上真編『アジアにおける森林の消失と保全』中央法規出版．
日経リサーチ編（2000）「平成11年度 森林の公益機能の環境経済的評価手法開発に関する研究調査報告書」日経リサーチ大阪支社．
―――（2001）「平成12年度 森林の公益機能の環境経済的評価手法開発に関する研究調査報告書」日経リサーチ大阪支社．
―――（2002）「平成13年度 森林の公益機能の環境経済的評価手法開発に関する研究 調査報告書」日経リサーチ．
二宮書店編集部編（2008）『データブック・オブ・ザ・ワールド2008年版』二宮書店．
肥田野登（1997）『環境と社会資本の経済評価――ヘドニック・アプローチの理論と実際』勁草書房．
室田武・坂上雅治・三俣学・泉留維（2003）『環境経済学の新世紀』中央経済社．
森田恒幸（2002）「二酸化炭素固定場としての熱帯林の経済評価」『Tropics』11, pp. 213-19.
山縣光晶・小原正人・内田敏博・片桐達夫・寺田辰好・上田浩史・藤江達之編（1989）『森林・林業と自然保護――新しい森林保護管理のあり方――』日本林業調査会．
鷲田豊明（1999）『環境評価入門』勁草書房．
鷲田豊明・栗山浩一・竹内憲司編（1999）『環境評価ワークショップ――評価手法の現状』築地書館．

資　　料

① コンジョイント分析以外の質問項目に対する回答の結果

（第4章補論【A】参照）（単位：％）

Q1　保護林の増減が生産林と農地に影響しないとした場合，熱帯林が370万ヘクタールあることについてどう思うか？

　　1　もっと増やすべきだ
　　2　増やすことが好ましい
　　3　適当である
　　4　減らすべきだ
　　5　わからない

	1	2	3	4	5
都市部	22.4	44.0	26.9	5.8	0.9
農山村部	18.9	50.9	24.4	4.4	1.3

Q2　生産林の増減が保護林と農地に影響しないとした場合，生産林が1,050万ヘクタールあることについてどう思うか？

　　1　もっと増やすべきだ
　　2　増やすことが好ましい
　　3　適当である
　　4　減らすべきだ
　　5　わからない

	1	2	3	4	5
都　市　部	7.4	25.2	38.0	28.4	1.0
農 山 村 部	6.4	25.2	38.4	29.3	0.7

Q3　農地の増減が保護林と生産林に影響しないとした場合，農地が790万ヘクタールあることをどう思うか？

　　　1　もっと増やすべきだ
　　　2　増やすことが好ましい
　　　3　適当である
　　　4　減らすべきだ
　　　5　わからない

	1	2	3	4	5
都　市　部	24.7	42.4	28.4	4.1	0.4
農 山 村 部	21.7	49.1	26.0	2.8	0.3

Q4　もし熱帯林保護のための政策が何も実行されなかったら，マレーシアの熱帯林はどうなると思うか？

　　　1　40年以内に消滅するだろう
　　　2　100年以内に消滅するだろう
　　　3　100年経っても残るだろう
　　　4　わからない

	1	2	3	4
都 市 部	49.9	34.5	13.3	2.3
農山村部	58.3	25.7	13.5	2.5

Q5 あなたが選んだ政策プロファイルが実際に実行されると思うか？

   1 そう思う
   2 そう思わない
   3 分からない

	1	2	3
都 市 部	65.1	27.4	7.5
農山村部	72.0	10.4	17.6

Q6 熱帯林に対するこのような質問に興味を持ったか？

   1 大変興味を持った
   2 興味を持った
   3 興味を持たなかった

	1	2	3
都 市 部	11.7	68.6	19.7
農山村部	16.8	75.0	8.2

② **森林のさまざまな機能に対する認識調査** (第4章補論【B】参照) (単位：%)

1 　工場建設のための森林開発

とても重要	7.6
重要	50.7
どちらでもない	4.1
あまり重要でない	24.1
重要でない	13.5

2 　宅地開発のための森林開発

とても重要	6.6
重要	57.7
どちらでもない	5.8
あまり重要でない	20.8
重要でない	9.2

3 　やし油やゴムなどの大規模農園造園のための森林開発

とても重要	18.1
重要	66.2
どちらでもない	5.8
あまり重要でない	8.2
重要でない	1.6

4 　農地転用のための森林開発

とても重要	14.2
重要	70.2
どちらでもない	5.3
あまり重要でない	8.6
重要でない	1.8

5 　道路整備のための森林開発

とても重要	6.1
重要	61.8
どちらでもない	9.6
あまり重要でない	17.3
重要でない	5.3

6 　木材輸出はマレーシアの主要産業である

とても重要	11.2
重要	62.6
どちらでもない	10.7
あまり重要でない	12.4
重要でない	3.1

7	木材産業は職業を提供する	
	とても重要	8.6
	重要	64.9
	どちらでもない	10.4
	あまり重要でない	13.3
	重要でない	2.8
8	木材でできた住宅や家具などの製品を利用できる	
	とても重要	12.4
	重要	70.3
	どちらでもない	6.3
	あまり重要でない	9.7
	重要でない	1.3
9	旅行者が森林を観光できる	
	とても重要	11.5
	重要	67.9
	どちらでもない	4.1
	あまり重要でない	14.5
	重要でない	2.0
10	森林から食料採取ができる	
	とても重要	10.4
	重要	50.9
	どちらでもない	8.4
	あまり重要でない	23.7
	重要でない	6.6
11	森林は野生生物や昆虫の生息地である	
	とても重要	28.3
	重要	66.4
	どちらでもない	2.5
	あまり重要でない	1.8
	重要でない	1.0
12	森林には多様な動植物が生息する	
	とても重要	30.3
	重要	65.9
	どちらでもない	2.0
	あまり重要でない	1.6
	重要でない	0.2

13	森林は洪水などの自然災害を防止する		
		とても重要	34.4
		重要	58.3
		どちらでもない	3.1
		あまり重要でない	3.6
		重要でない	0.5
14	森林は土壌浸食を防止する		
		とても重要	35.4
		重要	58.2
		どちらでもない	2.8
		あまり重要でない	3.1
		重要でない	0.5
15	森林は水分を吸収し，土壌の乾燥を防ぐ		
		とても重要	31.1
		重要	63.9
		どちらでもない	2.6
		あまり重要でない	1.8
		重要でない	0.5
16	森林の木や植物は空気を浄化する		
		とても重要	39.0
		重要	59.1
		どちらでもない	1.5
		あまり重要でない	0.3
		重要でない	0.0
17	森林は二酸化炭素を吸収して地球温暖化を緩和する		
		とても重要	30.8
		重要	64.1
		どちらでもない	4.1
		あまり重要でない	0.8
		重要でない	0.2
18	森林の景観と眺望		
		とても重要	22.2
		重要	63.4
		どちらでもない	7.2
		あまり重要でない	6.1
		重要でない	1.0

19	森林における動物の暮らしや植物の観察		
		とても重要	21.3
		重要	71.2
		どちらでもない	4.1
		あまり重要でない	3.1
		重要でない	0.3
20	自然や森林での散歩を楽しむこと		
		とても重要	19.3
		重要	69.9
		どちらでもない	4.8
		あまり重要でない	5.4
		重要でない	0.7
21	森林は精神をリラックスさせる		
		とても重要	18.3
		重要	70.3
		どちらでもない	4.9
		あまり重要でない	5.8
		重要でない	0.7
22	森林は医療に利用可能な遺伝子資源を含有する		
		とても重要	23.1
		重要	72.2
		どちらでもない	3.1
		あまり重要でない	1.2
		重要でない	0.5

③ 実際の調査票の抜粋 (日経リサーチ [2002] [平成13年度 森林のエコシステムサービスの環境経済的評価手法開発に関する研究, 調査報告書])

SHOWCARD PANEL NO. 1

In this questionnaire, we are focusing on the land use in Malaysia, especially on three types of the use, that is, protective forests, production forests for timber and agricultural lands.

The land area in Malaysia is 33 million hectares. The proportions of those three types of the land use are described as follows.

Dalam kertas soalan ini, kami akan menumpukan perhatian ke atas penggunaan tanah di Malaysia, terutamanya kepada 3 jenis tanah yang berikutnya, iaitu hutan perlindungan, hutan pengeluaran dan tanah pertanian.

Kawasan tanah di Malaysia adalah seluas 33 juta hektar. Penggunaan untuk ketiga-tiga jenis tanah ini adalah seperti yang diterangkan di bawah ini:

在这问卷里，我们将检讨在马来西亚的土地用途，尤其是这三种土地用途，那就是，森林保护区，供伐木生产森林和农作田地。

马来西亚的土地面积是三千三百万公顷，以上三种土地用途的比例是：

Protective forests   **3.7 million hectares (11.2% in the land area)**
Hutan Perlindungan   *3.7 juta hektar (11.2% dalam kawasan tanah)*
森林保护区   3.7百万公顷 (占土地面积的11.2%)

Timber Production forests   **10.5 million hectares (31.8% in the land area)**
Hutan Pengeluaran Kayu Balak   *10.5 juta hektar (31.8% dalam kawasan tanah)*
供伐木生产森林   10.5百万公顷 (占土地面积的31.8%)

Agricultural land   **7.9 million hectares (23.9% in the land area)**
Tanah Pertanian   *7.9 juta hektar (23.9% dalam kawasan tanah)*
农作田地   7.9百万公顷 (占土地面积的23.9%)

資料　159

TYPES OF LAND USE IN MALAYSIA
马来西亚土地用途种类
Jenis Penggunaan Tanah Di Malaysia

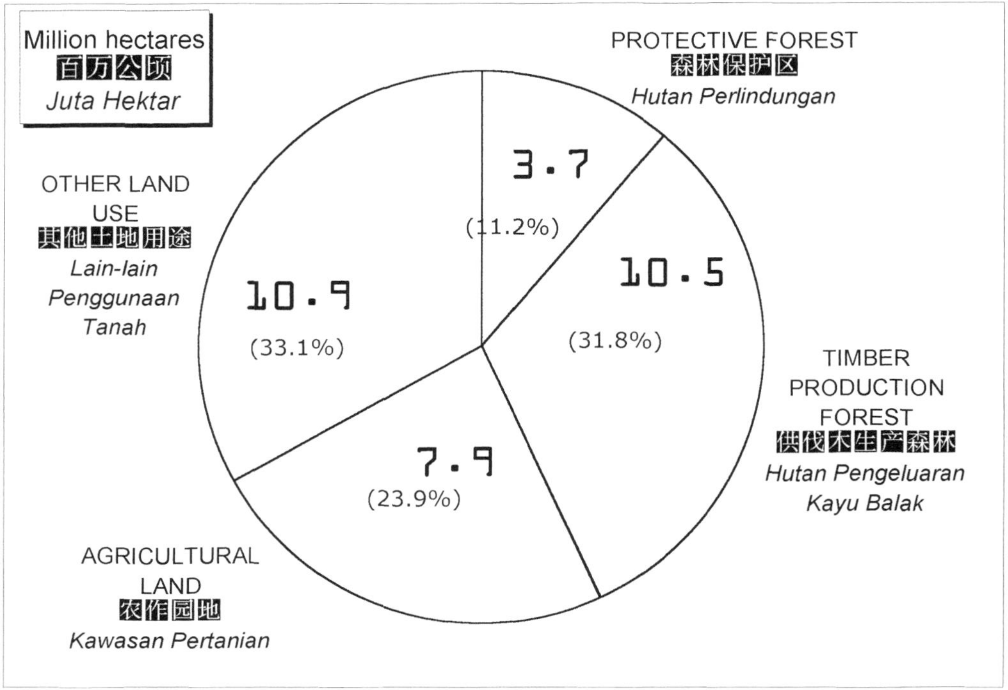

PANEL No.1

Million hectares 百万公顷 *Juta Hektar*

- PROTECTIVE FOREST 保护森林区 *Hutan Perlindungan* — 3.7 (11.2%)
- TIMBER PRODUCTION FOREST 林业木材产森林 *Hutan Pengeluaran Kayu Balak* — 10.5 (31.8%)
- AGRICULTURAL LAND 农作园地 *Kawasan Pertanian* — 7.9 (23.9%)
- OTHER LAND USE 其他土地用途 *Lain-lain Penggunaan Tanah* — 10.9 (33.1%)

SHOWCARD PANEL NO. 6

Show PANEL No. 6

This program is just an example. The profile at the right hand side shows the current situation of land use. The profile named as Program-1 shows an example of a new plan of the land use. The area of protective forests in Program-1 is increased by 8% and the areas are 4.0 million hectares. The agricultural land is also increased by 4% and the area is 8.2 million hectares. Contrarily, the area of timber production forest is decreased by 24% and the area is 8.0 million hectares.

When you consider the difference of areas in those profiles, suppose that the difference for a type of land use is independent of the other types of land use. That is, for example, increase of timber production forests does not necessarily cause decrease of protective forests or agricultural lands.

Furthermore, we have to consider about the additional expenditure for executing the program. In the following questions, this expense is assumed to be supported by each household as a new special tax. Assume that this new tax is levied one time only. In this example, in order to execute this Program-1, each household is required to pay RM20 tax only one time.

When you are asked which profile is better, you have to consider increases and decreases of each types of land use and tax payment.

Show PANEL No. 6

Program ini merupakan satu contoh. Profil di sebelah kiri anda menunjukkan penggunaan tanah untuk situasi semasa. Profil yang dinamakan sebagai Program 1, menunjukkan contoh rancangan baru dalam penggunaan tanah. Kawasan untuk hutan perlindungan dalam Program 1 telah bertambah sebanyak 8% dan jumlah kawasannya adalah seluas 4 juta hektar. Kawasan untuk pertanian juga bertambah sebanyak 4%, di mana kawasannya adalah seluas 8.2 juta hektar. Di sebaliknya, kawasan untuk hutan pengeluaran kayu balak telah dikurangkan sebanyak 24%, di mana kawasannya adalah seluas 8.0 juta hektar.

Apabila anda mempertimbangkan perbezaan kawasan dalam profil tersebut, andaikata perbezaan untuk jenis penggunaan tanah adalah berasingan daripada penggunaan tanah jenis lain. laitu sebagai contoh, peningkatan hutan pengeluaran kayu balak tidak semestinya menyebabkan penurunan hutan perlindungan atau tanah pertanian.

Tambahan lagi, kita seharusnya mempertimbangkan peningkatan perbelanjaan dalam pelaksanaan program ini. Untuk menyelesaikan masalah ini, kami anggap Program 1 dalam contoh ini akan dibiayai oleh setiap rumah dengan membayar satu cukai khas. Dan anggaplah cukai ini hanya dikenakan kepada anda sebanyak RM20 sekali sahaja.

Apabila anda ditanya mana profil yang paling baik, anda perlu mempertimbangkan peningkatan dan pengurangan penggunaan tanah dan pembayaran cukai yang dikenakan olehnya.

SHOWCARD PANEL NO. 6

Show PANEL No. 6

这计划只是一个例子。右边的组合是现有的土地用途。计划1的组合展示一个新的土地用途的例子。计划1里的森林保护区增加8%,而土地的面积是4.0百万公顷,农作园地也增加了4%,而土地的面积是8.2百万公顷。相反的,供伐木森林却减少了24%,而土地的面积是8.0百万公顷。

当您考虑到所有地区经过简介的不同之处后。假设,使用土地作某种用途并不会受其它土地用途的影响。列如,增加伐木森林区并不一定会减少森林保护区或农业区。

我们必须考虑实行这项计划的额外费用。估计这费用是从每一家抽一种特别税来支付的。这新的特别税只抽一次。在这例子里,每家只需付RM20一次性的税收,以实行计划1。

当您被问哪一个组合比较好时,您得考虑每种土地用途的增加或减少及所需付的税。

PANEL No.6

LIST OF LAND USE PROFILE
土地用途计划系列
Profil Untuk Senarai Penggunaan Tanah

EXAMPLE No.1

Million Hectare
百万公顷 / *Juta Hektar*

	Program1 计划1		Current 现况 *Semasa*
PROTECTIVE FORESTS 需要保护区 / *Hutan Perlindungan*	4.0 (+8%)	⬇	3.7
PRODUCTION FORESTS/需要生产区森林 *Hutan Pengeluatran Kayu Balak*	8.0 (-24%)		10.5
AGRICALTURAL LAND 农作园地 / *Kawasan Pertanian*	8.2 (+4%)		7.9
TAX / 税 / *Cukai*	RM20		RM0

SHOWCARD PANEL NO. 7

Show PANEL No. 7

For this list, two new programs appear with current situation. Please confirm that each Program include both increased area and decrease area over land use types compared with another program or a current situation. Program-1 is the same as that in the previous panel. In Program-2, the area of the protective forests is same as that of current situation, the area of the agricultural land is same as that of Program-1, and the area of production forests is larger than Program-1 and current situation. One time tax payment is RM 30.

Show PANEL No. 7

Untuk senarai ini, 2 program baru akan ditunjukkan bersama situasi semasa. Sila baca dengan teliti. Setiap program mengandungi peningkatan dan pengurangan jenis penggunaan tanah berbanding dengan program lain atau situasi semasa.

Program 1 adalah seperti dengan Panel 1 yang ditunjukkan tadi. Program 2 menunjukkan kawasan hutan perlindungan adalah sama dengan situasi semasa, kawasan pertanian pula adalah sama dengan Program 1. Tetapi kawasan hutan pengeluaran kayu balak adalah lebih luas daripada Program 1 dan situasi semasa. Dan cukai pembayaran sekali adalah RM30.

Show PANEL No. 7

在这系列里，现况和其他两个计划被展示。请看清楚：每个计划包括了土地用途种类的增加和减少，这跟现况或其他计划对比，计划1和之前的一样。在计划2里，森林保护区的面积和现况一样，农作园地面积和计划1一样，而供生产森林的面积大过计划1和现况。一次过税收是RM30。

PANEL No.7

EXAMPLE No.2

LIST OF LAND USE PROFILE
土地用途计划系列
Profil Untuk Senarai Penggunaan Tanah

Million Hectare 百万公顷 / *Juta Hektar*	Program1 计划1	Program2 计划2	Current 现况 *Semasa*
PROTECTIVE FORESTS 保护林区 / *Hutan Perlindungan*	4.0 (+8%)	3.7 (+0%)	3.7
PRODUCTION FORESTS/生产木材林区 *Hutan Pengeluatran Kayu Balak*	8.0 (-24%)	12.0 (+14%)	10.5
AGRICALTURAL LAND 农作园地 / *Kawasan Pertanian*	8.2 (+4%)	8.2 (+4%)	7.9
TAX / 税 / *Cukai*	RM20	RM30	RM0

SHOWCARD E7 (1 of 3)

Very Important 非常重要 Sangat Penting	Important 重要 Penting	Neither 既不是 Mana-mana pun bukan	Not Very Important 不是非常重要 Tidak begitu penting	Not Important 不重要 Tidak penting
1	2	3	4	5

1. Develop forests to build manufacturing plants
   建造森林，生产木材料
   Membangunkan hutan untuk membina kilang perusahaan

2. Develop forests for housing projects
   建造森林，使用木材作为建造房屋的一部分
   Membangunkan hutan bagi projek perumahan

3. Develop forests to build oil palm, rubber or other plantations
   建造森林来耕种油棕、树胶或其它植物
   Membangunkan hutan untuk membina ladang kelapa sawit, getah dan lain-lain

4. Develop forests for farmland
   建造森林保护农地/农田
   Membangunkan tanah untuk tanah perladangan

5. Develop forests to build roads
   建造森林来开发道路
   Membangunkan hutan untuk membina jalanraya

6. Timber exports are a major industry in Malaysia
   在马来西亚，木材出口是其中一个主要行业
   Eksport kayu balak adalah sebuah industri yang utama di Malaysia

7. The Timber industry provides jobs
   造木/伐木业提供很多的就业机会
   Industri pembalakan menyediakan pekerjaan

SHOWCARD E7 (2 of 3)

Very Important 非常重要 Sangat Penting	Important 重要 Penting	Neither 既不是 Mana-mana pun bukan	Not Very Important 不是非常重要 Tidak begitu penting	Not Important 不重要 Tidak penting
1	2	3	4	5

8	Being able to use houses, furniture or other products made of wood 可以使用/住由木材所建造的房屋，傢俬或其它产品等 Boleh menggunakan rumah, perabot atau produk-produk lain yang dibuat daripada kayu
9	Tourists being able to visit forests 遊客可以到訪森林去參观 Pelancong boleh melawat hutan
10	Being able to gather food in forests 可以从森林中寻获食物 Boleh mengumpul makanan di dalam hutan
11	Forests are the habitat for various animals & insects 森林是多种动物和昆虫的居住环境 Hutan adalah habitat bg pelbagai haiwan & serangga
12	Forests are the habitat for various plants 森林是多种植物的生长环境 Hutan adalah Habitat bagi pelbagai tumbuhan
13	Forests prevent natural hazards such as floods 森林可以防止天灾，如水災 Hutan mengelakkan bencana alam seperti banjir
14	Forests prevent the erosion of soil 森林可以防止土地侵蚀 Hutan mengelakkan hakisan tanah
15	Forests absorb water and prevent soil from drying 森林会吸取水份并防止土地乾燥 Hutan menyerap air dan mengelakkan tanah daripada menjadi kering

SHOWCARD E7 (3 of 3)

Very Important 非常重要 Sangat Penting	Important 重要 Penting	Neither 既不是 Mana-mana pun bukan	Not Very Important 不是非常重要 Tidak begitu penting	Not Important 不重要 Tidak penting
1	2	3	4	5

16 Trees and vegetation in forests purify the air
    森林里的树木和蔬菜可以净化空气
    Pokok-pokok dan tumbuhan di dalam hutan membersihkan udara

17 Forests absorb carbon dioxide and help reduce global warming
    森林吸取二氧化碳及协助降低全球温度暖和
    Hutan menyerap karbon dioksida dan membantu mengurangkan pemanasan global

18 The landscape and views of the forest
    森林的风景和景色
    Landskap dan pemandangan hutan

19 Being able to observe animal life and vegetation in the forest
    在森林里可以看到野生动物和稀有草木
    Boleh memerhati kehidupan haiwan dan tumbuhan di dalam hutan

20 Being able to enjoy nature, walks in the forest
    可以享受大自然，在森林里走动
    Boleh menikmati alam semulajadi, berjalan di dalam hutan

21 Forests are relaxing to the mind
    森林可以松弛您的神经/头脑
    Hutan adalah merehatkan untuk minda

22 Forests contain genetic resources that can be used in medication
    森林拥有可以用在医学上的物质资源
    Hutan mengandungi sumber genetik yang boleh digunakan dalam bidang perubatan

SHOWCARD E8

Know a great deal 非常了解 Amat tahu	Know to some extent 知道至某个程度 Saya tahu setakat tertentu	Have heard of it 曾经听过 Pernah dengar mengenainya	Don't know 不知道 Tidak tahu
1	2	3	4

Timber exports are a major industry in Malaysia
在马来西亚，木材出口是其中一个主要行业
Eksport kayu balak adalah industri utama di Malaysia

Forests prevent natural hazards such as floods
森林可以防止天灾，如水灾
Hutan dapat mencegah daripada berlakunya bencana alam seperti banjir

Forests prevent the erosion of soil
森林可以防止土地侵蚀
Hutan dapat mencegah daripada berlakunya hakisan tanah

Forests absorb water and prevent soil from drying
森林会吸取水份并防止土地乾燥
Hutan dapat menyerap air dan mencegah tanah daripada menjadi kering

Trees and vegetation in forests purify the air
森林里的树木和蔬菜可以净化空气
Pokok-pokok dan tumbuh-tumbuhan di dalam hutan dapat membersihkan udara

Forests absorb carbon dioxide and help reduce global warming
森林吸取二氧化碳及协助降低全球温度暖和
Hutan menyerap karbon dioksida dan menolong mengurangkan kepanasan sejagat

Forests contain genetic resources that can be used in medication
森林拥有可以用在医学上的物质资源
Hutan mengandungi sumber genetik yang boleh digunakan dalam bidang perubatan

索　引

〈ア　行〉

IIA　52, 107
iid　50
アブラヤシプランテーション　12, 64, 101, 123, 126
アンケート　30, 83
遺産価値　26
遺伝子資源　26, 113
違法伐採　123
因子得点　112
因子分析　112
インターネット　74
受入意志額　34
AIC　55, 115
ASC　89
エコシステムサービス（Ecosystem service）　1, 25, 26, 44, 90, 98
エコシステムサービスのマッピング　23
エコシステムの経済評価　4
エコツーリズム　29
FAO　123
塩類循環に関わる機能　8
オプション価値　26
オランアスリ　92, 101
温情効果　64

〈カ　行〉

開始点バイアス　36, 73
回収率　74
解の不安定性　57
カウントモデル　32
攪乱制御機能　8
仮想性　42
貨幣尺度　27
貨幣属性　64
貨幣測度（尺度）　27, 51

環境アセスメント　22
環境アメニティ　34
環境価値　25, 27
環境財　27
環境評価　25, 41
間接的利用価値　25
完全プロファイル評定型　38
基金　64
擬似的な対数尤度関数　55
基準・指標（Criteria & Indicators）　23
寄付金　64
強制的な選択　67
クアラルンプール　62, 83, 91
クアンタン　83, 91
クチン　83, 91
クラス　55
Krinsky and Robb の方法　98
クレジット　127
グローバル公共財　102
クーン・タッカーモデル　32, 41
景観　26, 29, 32
経済的インセンティブ　127
限界効用　50, 88
顕示選好法　28
現状維持　98, 118
合意形成　127
工場建設　113
厚生　28, 51
効用　27
効用最大化問題　41
誤差項　50
コスタリカ　31
ゴム材　70
コンジョイント分析　29, 38

〈サ　行〉

最尤推定量　51

最尤法　　51
サブサンプル分析　　92
三角分布　　54
C最適設計　　42
支出関数　　28
市場価格　　29
実験室　　43
CDM　　17
CDM植林　　17
私的財　　27
支配的プロファイル　　42,65
支払意志額　　34,52
支払カード形式　　36
支払い手段　　64
支払い手段バイアス　　38
CVM　　29,34,38,62
死亡リスク　　34
弱補完性　　32
自由回答形式　　36
収束時間　　51
重要性バイアス　　73
主成分分析　　57
商業伐採　　13,64,123,129
条件付きロジットモデル　　50,88
消費者　　27
消費者余剰　　32
情報入手コスト　　30
将来世代　　26
所得格差　　97
所得効果　　32
シングルサイトモデル　　32
シングルバウンド　　36
人種　　75
シンパンペルタン　　93,100,109
信頼区間　　98
森林管理　　24
森林構造　　123
森林認証制　　20
森林破壊　　3
森林面積の減少　　10

水源涵養機能　　19
水質汚染　　30
水準　　62,65
数値計算法　　49,57
スケールアップ　　23
スケールパラメータ　　50,56
正規分布　　108
税金　　64,67
生産林　　50,64,70
生態系　　25,29
生物相　　123
生物多様性　　19,26,43
世界遺産　　26
セレンバン　　93,101
線形の効用関数　　50,88
選好構造　　127
選好の異質性　　54,111
選好の同質性　　41,50
潜在クラスロジットモデル　　41,53,55,111
先進国　　102
選択型コンジョイント分析　　40,44,47,61,87
選択型実験　　38
選択肢固有の定数項　　89
戦略バイアス　　38,72
総価値　　31
属性　　62,65
ゾーニング　　38,62
ソフトランディング　　23
存在価値　　26,29

〈タ　行〉

第1種極値分布　　50,54
大気成文調節機能　　8
対数正規分布　　54
対数尤度関数　　51
代替案　　44
代替地　　32
代理市場　　34
宅地開発　　113
多重共線性　　30

索　引

WTA　34
WTP　34, 52
ダブルバウンド　36
炭素吸収蓄積機能　19
炭素吸収量　15
炭素蓄積機能　14
炭素の排出権取引　7
地域公共財　102
地域住民　131
地球温暖化　34, 113
調査員　74
直接的利用価値　25
直交配列　42, 65
地理情報システム　42
賃金　34
追従バイアス　72
付け値ゲーム形式　36
t 検定　51
D 最適設計　42, 66
手がかり　73
伝達ミス　74
等価余剰　27, 35
統計的生命の価値　34
統合環境アセスメント　22
途上国　102
土壌浸食　113
土地市場　34
土地利用形態　64
土地利用変化　12
土地利用変遷　10
トラベルコスト法　29, 31, 41, 53

〈ナ　行〉

二肢選択形式　36
二次林　123
熱帯林域土地利用評価率　125
農地　50, 64, 71
no-choice　67

〈ハ　行〉

バイアス　31, 38, 72
バイアスの抑制　73
廃棄物処理機能　8
Hausman-McFadden テスト　107
パソ保護林　10
バハウ　93, 100, 110
ハルトンドロー　55
範囲バイアス　36, 73
BIC　55, 115
標準偏差　108
表明選好法　29
非利用価値　25
FELDA　92, 99
フォーカスセッション　62
フタバガキ科　64
物質生産機能　19
部分全体バイアス　38
プランテーション　85
プレテスト　42, 62
プロファイル　38, 62, 66
ペアワイズ評定型　38
ベイズ定理　109
ヘドニック法　29, 34, 42
ペナン　83, 91
ベニア　70
保護林　50, 64, 69
補償需要関数　32
補償余剰　27, 35
ポワソン回帰モデル　32

〈マ　行〉

マレーシア　10, 68, 83, 100, 123
無差別曲線　27
メンバーシップ関数　56, 116
木材産業　70, 113
モンテカルロシミュレーション　98

〈ヤ　行〉

野生動物　26
有意性　51
郵送　74
尤度比インデックス　51

〈ラ　行〉

ランダム効用理論　40, 49
ランダムドロー　55
ランダムパラメータロジットモデル　41, 53, 107

ランドサット衛星画像　10
利害関係者　127
離散選択モデル　32, 47
リスクアセスメント　22
利用価値　25
旅行費用　32
リンクモデル　32, 41
レクリエーション　30
レクリエーションサイト　32
レクリエーション需要関数　32
労働市場　34

《執筆者紹介》（執筆順，＊は編者）

＊坂上雅治　京都大学大学院経済学研究科博士課程修了．博士（経済学）．日本福祉大学健康科学部教授．"Measuring Consumer Preferences Regarding Organic Labelling and the JAS Label in Particular," *New Zealand Journal of Agricultural Research*, 49, 2006（共著），"Does Social Capital Encourage Participatory Watershed Management?" *Society & Natural Resources*, forthcoming（共著），ほか多数．[担当章：はしがき，第3章，第4章，第5章，第6章，終章]

奥田敏統　広島大学大学院理学研究科博士課程後期単位取得の上退学．博士（理学）．広島大学大学院総合科学研究科教授．*Pasoh: Ecology of a Rainforest in South East Asia*, Springer, Tokyo, 2003（編著），Okuda, T., Adachi, N. Suzuki, M., Quah, E.S. and Manokaran, N., "Effect of Selective Logging on Canopy and Stand Structure in a Lowland Dipterocarp Forest in Peninsular Malaysia," *Forest Ecology and Management*, 175, 2003, pp. 297-320, Okuda, T., Nor Azman, H., Manokaran, N., Saw, L.Q., Amir, H.M.S., Ashton, P.S., "Local variation of canopy structure in relation to soils and topography and the implications for species diversity in a rain forest of Peninsular Malaysia," In: Losos, E.C. & Leigh, E.G. Jr. (Eds.), *Forest Diversity and Dynamism: Findings from a network of large-scale tropicalforest plots*, Univ. Chicago Press, Chicago, 2004, pp. 221-239, ほか多数．[担当章：第1章]

＊栗山浩一　京都大学大学院農学研究科修士課程修了．博士（農学）．京都大学大学院農学研究科教授．『環境経済学の基本と仕組みがよーくわかる本』秀和システム，2008年，『環境と観光の経済評価』勁草書房，2005年（共著），『世界遺産の経済学』勁草書房，2000年（共著），『環境の価値と評価手法』北海道大学図書刊行会，1998年，『公共事業と環境の価値』築地書館，1997年，ほか多数．[担当章：第2章，第3章，第4章，第5章]

鷲田豊明　神戸大学大学院経済学研究科博士課程中退．博士（経済学）．上智大学大学院地球環境学研究科教授．『環境政策と一般均衡』勁草書房，2004年，『環境評価入門』勁草書房，1999年，『環境と社会経済システム』勁草書房，1996年，『エコロジーの経済理論——物質循環論の基礎——』日本評論社，1994年，『環境とエネルギーの経済分析——定常循環系への課題——』白桃書房，1992年，ほか多数．[担当章：第4章，第5章，あとがき]

エコシステムサービスの環境価値
――経済評価の試み――

2009年4月20日　初版第1刷発行	＊定価はカバーに
2019年4月15日　初版第2刷発行	表示してあります

編著者　坂　上　雅　治 ©
　　　　栗　山　浩　一

発行者　植　田　　　実

印刷者　藤　森　英　夫

発行所　株式会社　晃　洋　書　房

〒615-0026　京都市右京区西院北矢掛町7番地
　　　　電　話　075(312)0788番(代)
　　　　振替口座　01040-6-32280

印刷・製本　亜細亜印刷㈱

ISBN978-4-7710-2045-0

JCOPY 〈(社)出版者著作権管理機構　委託出版物〉

本書の無断複写は著作権法上での例外を除き禁じられています。複写される場合は，そのつど事前に，(社)出版者著作権管理機構（電話03-5244-5088, FAX 03-5244-5089, e-mail: info@jcopy.or.jp）の許諾を得てください。